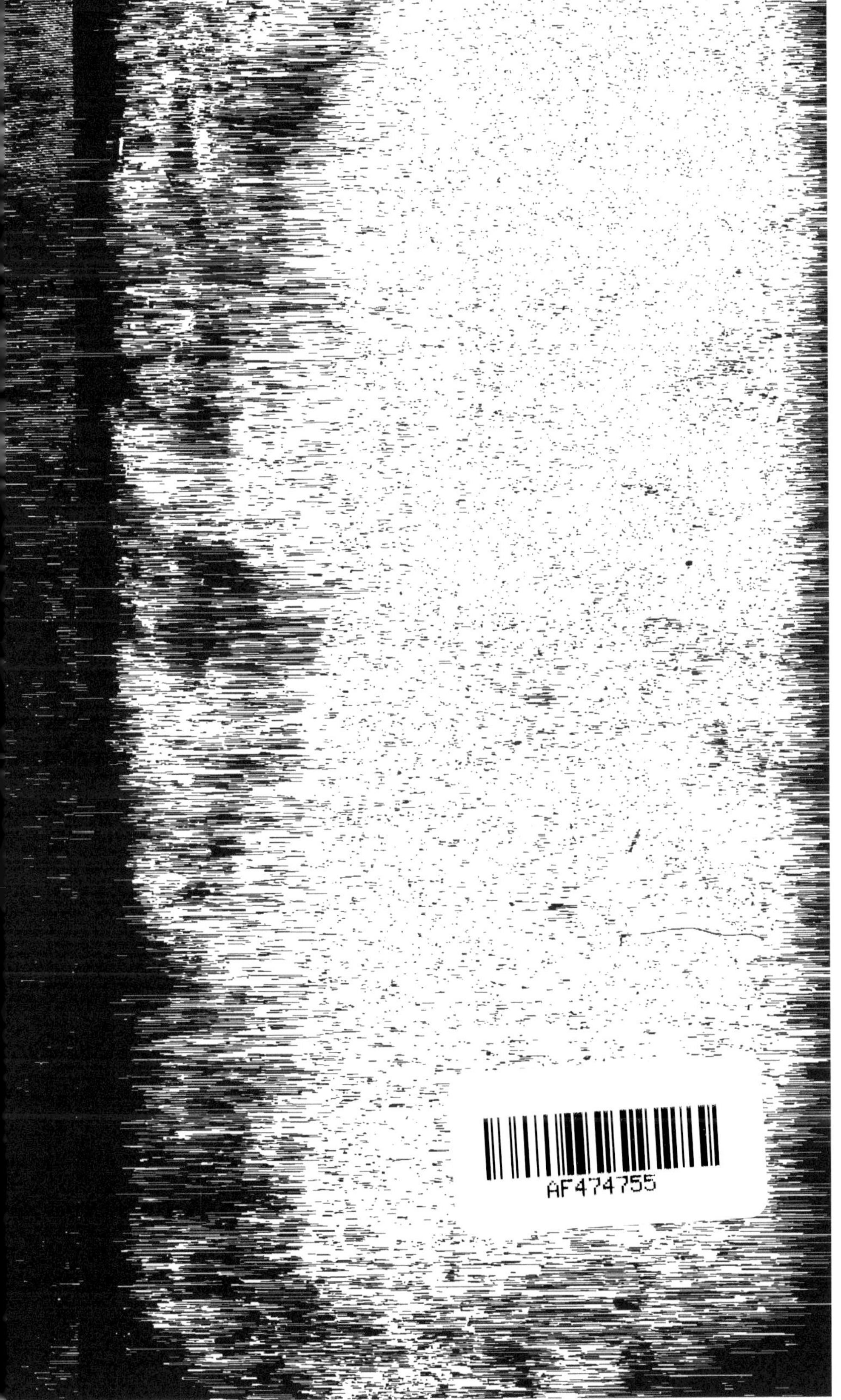
AF474755

APPLICATION
DE LA GÉOMÉTRIE
AU
DESSIN LINÉAIRE ET A L'ARPENTAGE.

ALAIS, IMPRIMERIE DE J. MARTIN.

APPLICATION

DE LA

GÉOMÉTRIE

AU DESSIN LINÉAIRE ET A L'ARPENTAGE,

AVEC

UN PRÉCIS DE PERSPECTIVE,
UN TRAITÉ DE LEVÉ ET DE LAVIS DES PLANS
ET AVEC DES NOTIONS NOUVELLES ET PRATIQUES
SUR LE BORNAGE ET LE PARTAGE DES TERRES,

TERMINÉE

Par de nombreux exemples de calcul sur la CUBATURE DES SOLIDES, et en particulier sur le SOLIVAGE et sur le JAUGEAGE DES TONNEAUX;

Ouvrage spécialement destiné

Aux Écoles primaires, Classes d'Adultes, Cours industriels, Collèges, et aux Ouvriers, Propriétaires, Agriculteurs, etc.

PAR S. BADAROUX,
Directeur de l'École primaire supérieure annexée au Collége d'Alais (Gard).

Première Partie.

TEXTE.

A ALAIS, GARD, chez l'AUTEUR.
A NIMES, chez GIRAUD, et chez M. TEULON, secrétaire de M. l'Ingénieur en chef des ponts-et-chaussées.
A PARIS, chez DELALAIN.
Et chez tous les Libraires de l'Université.

1847

AVIS.

Tout exemplaire de cet ouvrage non revêtu de la signature de l'auteur, sera réputé contrefait.

INTRODUCTION.

Directeur, depuis douze ans, d'une école primaire supérieure, j'avais compté d'abord, en composant ce livre, qu'il ne sortirait pas de la modeste enceinte de la classe où j'avais été appelé à donner mon enseignement, et qu'il n'aurait pour objet que de faciliter, d'affermir les progrès de mes propres élèves. Mais, plus tard, des conseils éclairés et amis, les encouragements de mes supérieurs, et, qu'il me soit permis de le dire, les succès fréquemment obtenus par les élèves sur qui j'en avais fait l'application, m'ont déterminé à faire pour ces leçons élémentaires, l'essai de la publicité.

Sans doute depuis quatorze ans que la France possède la loi sur l'instruction primaire, qui prescrit l'enseignement du Dessin linéaire et de l'Arpentage, il a paru, quant à ces deux objets, divers ouvrages recommandables à bien des titres. Mais il faut dire aussi qu'avec les progrès incessants qu'a opérés dans cet intervalle l'industrie soit manufacturière soit agricole, ces ouvrages présentent nécessairement aujourd'hui de nombreuses lacunes relatives aux développements et aux applications nouvelles qu'a fait naître ce mouvement industriel ascendant.

Je me suis efforcé de suppléer à cette insuffisance, qui est notoire pour tout homme versé dans l'enseignement ou dans la pratique. J'ai également rempli une lacune non moins sentie en plaçant en tête du livre des notions substantielles, quoique élémentaires, sur la Géométrie, base commune du Dessin linéaire et de l'Arpentage, comme aussi un traité succinct de Perspective et de Géométrie descriptive, nécessaires l'une et l'autre à l'intelligence du Dessin.

Un chapitre contient des notions complètes sur le droit et les règles à suivre quant au Bornage des terres. Nous aurons dit assez le prix que le lecteur doit attacher à ce chapitre spécial, quand la reconnaissance nous aura fait ajouter que les vues en appartiennent à M. de Robernier, président du tribunal civil d'Alais, dont les lumières sur ce point sont universellement estimées.

Un autre chapitre est relatif au Partage des terres. L'on y trouvera un choix d'applications importantes et variées.

L'ouvrage est enfin terminé par de nombreux exemples de calcul, sur la Cubature des bois, le Jaugeage, et en général, sur la *solidité* des corps de forme et de nature quelconques.

Par le cadre des matières renfermées dans ce volume, et d'après l'ordre et la division que termine un questionnaire, on verra qu'il n'est pas seulement propre à être mis entre les mains des élèves de nos écoles, quel que soit le mode d'enseignement que suive l'instituteur, et que, s'il a pour principale destination de répondre à un besoin profondément senti par tous ceux qui s'occupent d'instruction pratique, l'extension que je lui ai donnée le rend essentiellement utile à la classe industrielle, aux experts, aux gens de métier, aux agriculteurs. Un avantage réel qu'il présente, c'est d'épargner l'achat séparé et dispendieux de plusieurs traités spéciaux, puisqu'il en réunit la substance, dégagée d'ailleurs des formules algébriques qui rendent ces traités inaccessibles à l'immense majorité des intelligences.

Les efforts et les soins qu'il m'a coûtés auraient suffi pour me convaincre, si j'en avais douté, de l'extrême difficulté de composer un livre assez théorique pour satisfaire l'esprit par la démonstration et assez simple, en même temps, pour être à la portée d'un enseignement primaire. La conscience de cet écueil a dû me rendre défiant de moi-même; aussi n'est-ce qu'après m'être entouré des lumières d'hommes véritablement compétents, après avoir soumis mes idées au contrôle de professeurs de mérite, d'instituteurs expérimentés, de géomètres capables et appuyés sur une longue pratique, que je me suis décidé à livrer au public ce travail, fruit de patientes recherches. En remerciant ici tous ceux qui ont bien voulu m'apporter le tribut de leurs concours, je me plais à appeler sur cette œuvre toutes les observations auxquelles elle pourra donner lieu, heureux que je serai de la rendre de plus en plus digne de l'accueil des souscripteurs dont le nombre a déjà dépassé mes espérances.

S. B.

EXPLICATION

DES

Signes employés dans l'Ouvrage.

$+$	signifie *plus*.......	$9+3$	s'énonce *neuf* PLUS *trois*.
$-$	.....*moins*........	$9-3$	....*neuf* MOINS *trois*.
$\times$ ou $\cdot$	....*multiplié par*.	9×3 ou $9 \cdot 3$	...*neuf* MULTIPLIÉ PAR *trois*.
— ou $:$	....*divisé par* ...	$\frac{9}{3}$ ou $9 : 3$	...*neuf* DIVISÉ PAR *trois*.
$=$	.....*égale* ...	$9+3=12$	...*neuf* PLUS *trois* ÉGALE *douze*.
$<$	.....*plus petit que*..	$7<9$	...*sept* PLUS PETIT QUE *neuf*.
$>$	.....*plus grand que*	$9>7$	...*neuf* PLUS GRAND QUE *sept*.

REMARQUE. Le signe — signifie *moins* ou *divisé par*, selon que les nombres qu'il sépare sont de chaque côté de ce signe, ou qu'ils sont l'un au-dessus de lui et l'autre au-dessous.

Les numéros placés entre parenthèses indiquent qu'il faut toujours se reporter aux articles correspondants : par exemple dans la ligne 20 de la page 56, le signe (**119** — **1°**) marque un renvoi au principe établi au numéro **119** — **1°** et rappelle ainsi à l'élève que *lorsque l'on connaît deux angles d'un triangle, on trouve le troisième en retranchant de* **180** *degrés la somme des deux premiers.*

APPLICATION
DE LA GÉOMÉTRIE

AU

DESSIN LINÉAIRE ET A L'ARPENTAGE.

PREMIÈRE PARTIE.

NOTIONS GÉOMÉTRIQUES.

DÉFINITIONS.

1. **GÉOMÉTRIE.** — La *Géométrie* est la science qui traite de la mesure et des propriétés de l'*étendue.*

2. On détermine, en général, l'étendue d'un corps au moyen de trois *dimensions* que l'on désigne sous les noms de *longueur*, *largeur* et *hauteur*; au lieu de hauteur, on dit, selon les cas, *profondeur* ou *épaisseur.*

3. **CORPS, VOLUME ou SOLIDE.** — Un *corps*, un *volume* ou un *solide* est, en géométrie, une certaine portion de l'espace infini.

Dans un corps matériel on ne considère en géométrie que l'espace apparent qu'il occupe, et nullement la matière qui le compose. Par exemple, une boule de liége d'un décimètre d'épaisseur et une boule de plomb de même dimension, sont en géométrie deux corps égaux, quoique le premier, pesant beaucoup moins que le second, renferme beaucoup moins de matière.

4. **SURFACE.** — La *surface* est un *endroit* de l'espace qui n'est étendu qu'en longueur et largeur.

Pour concevoir cette nouvelle espèce de grandeur géométrique, il suffit d'observer que l'endroit de l'espace où se termine un corps, est bien étendu en longueur et largeur comme ce corps, mais ne peut pas avoir d'épaisseur, puisqu'il limite le corps dans le sens de l'épaisseur. Mieux encore, si l'on pose l'une sur l'autre deux tables de marbre, l'endroit où l'une finit et l'autre commence, est évidemment étendu en longueur et largeur comme les deux corps que l'on considère, mais ne peut peut avoir d'épaisseur, car autrement les deux tables de marbre ne se toucheraient pas. Ainsi *la surface peut être considérée comme limite des corps.*

5. **LIGNE.** — Une *ligne* est un endroit de l'espace qui n'est étendu qu'en longueur.

Pour concevoir une ligne, il faut se la représenter comme la limite d'une surface. En effet, si l'on considère une surface quelconque et limitée, l'endroit de l'espace où elle vient se terminer est étendu en longueur, comme la surface, mais ne peut pas avoir d'épaisseur puisque la surface n'en a pas. D'un autre côté, il ne peut pas non plus avoir de largeur, puisqu'il limite la surface dans le sens de la largeur. *Cet endroit de l'espace n'est donc étendu qu'en longueur.*

6. **POINT.** — Enfin, si l'on considère l'endroit de l'espace où vient se terminer une ligne, on trouvera par les mêmes considérations, que cet endroit de l'espace n'est étendu ni en longueur, ni en largeur, ni en épaisseur; c'est cet endroit de l'espace qu'on appelle un *point*, d'où suit la définition suivante : — *Le Point est un endroit de l'espace qui n'a aucune des trois dimensions de l'étendue.*

7. **DEUX ESPÈCES DE LIGNES.** — On considère deux espèces de lignes : la *ligne droite* et la *ligne courbe*.

8. **LIGNE DROITE.** — La *ligne droite* est une ligne infinie sur laquelle prenant deux points à volonté, la portion de la ligne comprise entre ces deux points est le plus court chemin de l'un à l'autre (*fig.* 1re). — On pourrait la définir plus simplement : *la ligne droite est le plus court chemin d'un point à un autre* ; mais cette définition ne présente pas à l'esprit une ligne indéfinie.

Nous regarderons comme évident que *deux lignes droites qui ont deux points communs coïncident dans toute leur étendue.*

9. **LIGNE COURBE.** — La *ligne courbe* est une ligne qui n'est ni droite ni composée de lignes droites, c'est-à-dire qu'une ligne droite quelque petite qu'elle soit, ne peut pas coïncider exactement avec une partie d'une ligne courbe (*fig.* 2). — On pourrait encore dire que *la ligne courbe change de direction à chaque point.*

10. **DEUX ESPÈCES DE SURFACES.** — On distingue aussi deux espèces de surfaces : la *surface plane* et la *surface courbe*.

11. **PLAN.** — La *surface plane* ou le *plan* est une surface infinie sur laquelle, prenant deux points à volonté et les joignant par une ligne droite, cette ligne est entièrement comprise dans la surface. Cette définition revient à dire qu'une *ligne droite*, l'arête d'une règle par exemple, *peut s'appliquer exactement sur un plan dans tous les sens.*

12. **SURFACE COURBE.** — La *surface courbe* est celle qui n'est ni plane ni composée de surfaces planes, c'est-à-dire qu'une portion de plan quelque petite qu'elle soit, ne peut coïncider avec une portion de surface courbe. Par exemple, la surface d'une boule, d'une cloche ou d'un anneau, etc., sont des surfaces courbes.

13. DÉSIGNATION DU POINT ET DES LIGNES. — Pour *désigner un point* on convient de nommer ce point par une lettre, et les lignes par deux ou plusieurs. Ainsi on dira le point A, la ligne AC; les lignes BD, AC se coupent au point O (*fig.* 3).

Quelquefois on place un *accent* à droite d'une lettre et un peu au-dessus. On prononce cette lettre en la faisant suivre du mot *prime*; elle se trouve par là distinguée dans le langage et dans l'écriture d'une lettre qui n'est pas accentuée, exemple (*fig.* 16) les lignes OB et O'B' qu'on prononce la première simplement OB et la seconde O *prime* B *prime*.

14. AXIOME. — On appelle *axiôme* une vérité évidente par elle-même, exemples : la partie est plus petite que le tout. — Deux quantités égales à une troisième sont égales entr'elles, etc.

15. THÉORÈME. — On appelle *théorème* une vérité qui n'est pas évidente, mais qui est démontrée soit par le raisonnement, soit par l'expérience.

16. PROPOSITION. — On appelle *proposition* en général, un axiôme ou un théorème.

17. PROBLÈME. — On désigne sous le nom de *problème* une question posée et qui exige une solution.

18. CARRÉ. — On appelle *carré d'un nombre* le produit de ce nombre multiplié par lui-même, par exemple : le carré de 7 est 7 multiplié par 7, ou 49. De même 100, 144, etc., sont les carrés des nombres 10, 12.

19. CUBE. — On appelle *cube d'un nombre* le produit qu'on obtient en multipliant ce nombre deux fois par lui-même. Ainsi pour avoir le cube de 7, il faut multiplier 7 par lui-même, ce qui donne 49, puis multiplier encore le produit obtenu par 7, ce qui donne 343.

Le carré et le cube d'un nombre se représentent en écrivant

à droite de ce nombre et un peu au-dessus le nombre 2 pour le carré et le nombre 3 pour le cube. Exemples : 8^2 signifie le carré de 8, etc. ; 11^3 veut dire le cube de 11.

20. RACINE CARRÉE. — La *racine carrée* d'un nombre est un autre nombre qui, élevé au carré, reproduit le premier. Exemples : la racine carrée de 49 est 7, parce que 7 élevé au carré donne 49. De même 12, 11 sont les racines carrées des nombres 144, 121.

21. RACINE CUBIQUE. — La *racine cubique* d'un nombre est un autre nombre qui, élevé au cube, reproduit le premier. Ainsi 7 est la racine cubique de 343, parce que 7 élevé au cube donne 343 ; 2 est la racine cubique de 8, parce que 2 élevé au cube donne 8.

La racine carrée d'un nombre se représente en faisant précéder ce nombre du signe suivant ($\sqrt{\ }$) qu'on appelle *radical*. Exemple : $\sqrt{81}$ exprime la racine carrée de 81, ou 9.

La racine cubique se représente par le même signe, seulement on met un 3 dans l'ouverture du radical. Exemple : $\sqrt[3]{64}$ signifie la racine cubique de 64, ou 4.

QUESTIONNAIRE. — Qu'est-ce que la Géométrie ? — Comment détermine-t-on l'étendue d'un corps ? — Qu'entend-on par *corps*, *volume* ou *solide* ? — Qu'est-ce qu'une surface ? — Qu'est-ce qu'une ligne ? — Qu'est-ce qu'un point ? — Qu'est-ce que la ligne droite ? — ..... courbe ? — Qu'appelle-t-on plan ? — Comment désigne-t-on un point ? — ..... une ligne ? — Qu'appelle-t-on axiome ? — ..... théorème ? — ..... proposition ? — ..... problème ? — Qu'est-ce que le carré ? — ..... le cube d'un nombre ? — ..... la racine carrée et la racine cubique d'un nombre ? — Désignez les signes fréquemment usités en géométrie ? — Tracez une droite ? — ..... une courbe ?

LIVRE PREMIER.

GÉOMÉTRIE A DEUX DIMENSIONS.

CHAPITRE I.

DES ANGLES ET DE LA PERPENDICULAIRE.

Lorsque deux droites, AC et BD (*fig.* 3), tracées dans un même plan, se rencontrent en un point O et qu'elles sont, ainsi que ce plan, prolongées à l'infini, elles le divisent en quatre portions infinies AOB, BOC, COD et DOA : chacune de ces parties s'appelle un *angle*. D'où résulte la définition suivante :

22. ANGLE. — SOMMET. — COTÉS. — Un *angle* est une portion d'un plan comprise entre deux lignes droites qui se coupent et prolongées à l'infini à partir de leur point de rencontre ou d'intersection. — Ce point est ce qu'on appelle le *sommet* de l'angle. — Quant aux *côtés*, ce sont les segments ou portions de droite qui partent du sommet, et se prolongent à l'infini dans un sens seulement.

Ce que l'on considère dans un angle n'est pas la quantité de surface comprise entre les côtés, mais l'écartement de ces côtés. La surface comprise entre les côtés d'un angle étant infinie, ne peut se mesurer et il n'y a que l'écartement des côtés qui soit susceptible de mesure.

Pour concevoir ce qu'on entend par cet écartement, considérons deux angles AOB, *aob* (*fig.* 4 *et* 5), que nous supposons tracés sur des plans différents. Faisons tourner l'angle AOB, autour de OB jusqu'à ce que l'angle se soit rabattu sur le plan primitif. AO viendra prendre une position telle que OC. Si l'on fait encore tourner BOC autour de OC, le côté BO viendra se rabattre sur une ligne telle que OD. Or, il est évident qu'en répétant cette opération un certain nombre de fois, on parviendra à recouvrir le plan tout entier et on pourra dire que l'angle AOB est contenu un certain nombre de fois dans son plan. C'est de ce nombre de fois que dépend la grandeur de cet angle. Moins l'angle sera contenu de fois dans son plan, plus il sera grand et réciproquement. Ainsi, si l'on faisait tourner l'angle *aob* autour de son sommet, comme on l'a fait pour l'angle AOB, on trouverait que l'angle *aob* serait contenu plus de fois dans son plan que l'angle AOB dans le sien. L'angle *aob* est donc plus petit que l'angle AOB.

23. DÉSIGNATION DES ANGLES. — On désigne un angle par trois lettres, celle du milieu appartenant au sommet, les autres points pris arbitrairement sur les côtés. Lorsque l'angle est isolé, et en général lorsqu'il n'y a pas lieu à double entente, on ne fait usage, pour abréger, que de la seule lettre du sommet. Ainsi s'il s'agit de l'angle dont les côtés sont *oa* et *ob* (*fig.* 5), on pourra dire indifféremment angle *aob*, angle *boa*, angle *o*.

24. ANGLES ADJACENTS. — On appelle *angles adjacents* deux angles tels que AOC et COB (*fig.* 6) qui ont un côté de commun OC et dont les autres AO et OB sont sur une même ligne droite.

Le plus souvent deux angles adjacents sont inégaux. Ainsi, dans la figure 6, l'angle COB est plus petit que l'angle COA; mais si l'on fait mouvoir la ligne OC de droite à gauche, l'angle COB augmentera successivement, tandis que l'angle AOC diminuera, et l'on conçoit qu'il arrivera un instant auquel les deux angles seront égaux. Ainsi, lorsque la droite OC aura pris la position OH, l'angle AOH sera égal à l'angle HOB : alors chacun des deux angles AOH, HOB est dit un *angle droit* et la ligne OH est dite *perpendiculaire* sur AB.

25. **ANGLES OPPOSÉS PAR LE SOMMET.** — On appelle *angles opposés par le sommet* deux angles tels que AOB et COD (*fig.* 3) qui ont leur sommet au même point, et qui sont tels que les côtés de l'un sont les prolongements de l'autre. — Il est évident que *deux angles pareils sont toujours égaux.*

26. **ANGLE DROIT. — PERPENDICULAIRE.** — On doit donc définir l'*angle droit* un angle qui est égal à son adjacent; et une *perpendiculaire* à une droite, une autre droite qui fait avec la première deux angles adjacents égaux.

Il est évident que les deux angles adjacents AOC et COB occupent le même espace que les deux angles AOH et HOB, d'où résulte que *la somme de deux angles adjacents est égale à deux angles droits.*

27. Si l'on considère (*fig.* 7) plusieurs angles AOC, COD, DOE et EOB formés autour d'un même point O et du même côté d'une droite AB et que par le point O on élève une perpendiculaire sur AB, on verra encore que tous les angles proposés occupent le même espace que les deux angles droits AOH et et HOB. Ceci fait voir que *la somme des angles formés autour d'un même point et du même côté d'une droite, est égale à deux angles droits.*

28. Enfin, si l'on a des angles, *aob*, *boc*, *cod*, *doe*, *eof*, *fog*, *goa* formés autour d'un même point (*fig.* 8), on verra facilement en menant deux lignes HI, KL perpendiculaires entr'elles, que *la somme de tous ces angles est égale à quatre angles droits.*

29. **OBLIQUE.** — On appelle *oblique* sur une droite AB une droite OC (*fig.* 9) qui n'est pas perpendiculaire sur la première.

30. THÉORÈME. — *Si d'un point O pris hors d'une droite AB on abaisse une perpendiculaire OI, et différentes obliques OC, OD, OE (fig. 9), 1° La perpendiculaire est plus courte qu'une oblique quelconque ; 2° deux obliques qui s'écartent également du pied de la perpendiculaire sont égales, et de deux obliques qui s'écartent inégalement du pied de la perpendiculaire, celle qui s'en écarte le plus est la plus longue.*

— Ainsi l'oblique OE est plus longue que OD parceque IE est plus grand que ID, et OD égale OC si ID est égale à IC.

QUESTIONNAIRE. — Qu'est-ce qu'un angle? — Qu'appelle-t-on sommet? — côtés d'un angle? — Comment désigne-t-on un angle? — Qu'appelle-t-on angles adjacents? — Qu'est-ce qu'un angle droit? — Qu'appelle-t-on perpendiculaire? — Qu'est-ce qu'une oblique? — Construisez les figures ci-dessus.

CHAPITRE II.

DES PARALLÈLES.

31. PARALLÈLES. — On appelle *parallèles* deux lignes (*fig.* 10) qui étant tracées sur le même plan, ne peuvent jamais se rencontrer à quelque distance qu'on les prolonge l'une et l'autre.

Si les lignes n'étaient pas dans le même plan, comme l'axe d'un arbre et une ligne tracée sur le sol à quelque distance de l'arbre, ces deux lignes ne se rencontreraient pas, mais ne seraient pas parallèles.

Supposons qu'un chemin de fer n'ait aucune courbe, les axes des deux *rails* seront deux lignes parallèles ; car si l'on prolonge le chemin de fer à l'infini, on trouve que les deux *rails* ne doivent jamais se rencontrer. On peut encore concevoir l'existence de deux lignes qui, étant tracées sur un même plan, ne se rencontrent jamais, en considérant deux perpendiculaires **BD**, **EF** à une même droite **AC** (*fig.* 11).

Car si ces deux perpendiculaires se rencontraient en un point O, il résulterait que de ce point on pourrait abaisser deux perpendiculaires sur AC, ce qui est impossible. Donc **BD** et **EF** sont deux droites parallèles.

32. Lorsque deux parallèles **CE**, **FG** (*fig.* 12) sont coupées par une transversale **BD**, elles forment différentes espèces d'angles. Nous en considérons ici trois : Les *angles correspondants*, les *angles alternes internes*, et les *angles alternes externes*.

33. **ANGLES CORRESPONDANTS.** — On appelle *angles correspondants* des angles non adjacents situés l'un entre les parallèles, l'autre en dehors et du même côté de la transversale; tels sont les angles **BAE** et **AOG**, **DOG** et **OAE**, **CAB** et **FOA**, **FOD** et **CAO**.

34. **ANGLES ALTERNES INTERNES.** — Les angles alternes internes sont ceux qui, n'étant pas adjacents, se trouvent placés tous deux entre les parallèles et de côtés différents de la transversale; tels sont **EAO** et **FOA**, **CAO** et **AOG**.

35. **ANGLES ALTERNES EXTERNES.** — Enfin les angles alternes externes sont placés tous deux en dehors des parallèles et de côtés différents de la transversale sans être adjacents; tels sont **CAB** et **DOG**, **BAE** et **FOD**.

36. **BANDE.** — On appelle *bande* la portion du plan comprise entre deux droites parallèles **AB** et **CD** (*fig.* 10). Les deux droites **AB** et **CD** pouvant être prolongées à l'infini, il est évident que l'espace compris entre ces deux droites se prolonge indéfiniment. *Une bande est donc illimitée dans le sens de sa longueur.*

37. THÉORÈME 1. — *Toute bande est contenue dans un plan*

un nombre infini de fois. En effet, si l'on fait tourner la bande **ABCD** (*fig.* 10) autour de **CD** pour la rabattre sur son plan primitif, le côté **AB** tombera suivant une droite telle que **A'B'**, et on aura une seconde bande **CDA'B'** égale à la première et qu'on pourra faire tourner autour de **A'B'** comme la première, ce qui donnera encore une troisième bande **A'B'C'D'**; mais il est évident que puisqu'un plan est infini dans tous les sens, on pourra répéter cette opération indéfiniment sans jamais pouvoir recouvrir entièrement le plan. Donc une bande est contenue dans un plan un nombre infini de fois.

38. THÉORÈME 2. — *Un angle quelque petit qu'il soit n'est contenu dans un plan qu'un nombre fini de fois.*

Soit **ABC** (*fig.* 13) un angle quelconque; prolongeons indéfiniment le côté **BC** suivant **BE**, et par le point **B** élevons une perpendiculaire **DF** sur **CE**. Le plan du triangle se trouvera divisé en quatre angles droits **CBF**, **FBE**, **EBD** et **DBC**. Cela posé, faisons tourner l'angle **ABC** autour du côté **AB** pour le rabattre sur son plan primitif; le côté **BC** tombera suivant une droite telle que **BH** et nous formerons un second angle **HBA** égal au premier. Si l'on fait tourner de la même manière l'angle **HBA** autour du côté **BH**, on obtiendra un troisième angle **IBH** égal à chacun des deux premiers; or en répétant cette opération un assez grand nombre de fois, il est évident que quelque petit que soit l'angle **ABC**, on parviendra à recouvrir entièrement l'angle droit **DBC**. Donc l'angle **ABC** n'est contenu dans chacun des quatre angles droits **DBC**, **CBF**, **FBE** et **EBD** qu'un nombre limité de fois; dès lors *il n'est contenu aussi qu'un nombre limité de fois dans le plan tout entier.*

39. THÉORÈME 3. — *Un angle quelque petit qu'il soit est toujours plus grand qu'une bande.*

En effet, une bande est contenue dans un plan un nombre infini de fois et un angle n'est contenu dans le même plan qu'un nombre fini de fois. Or de deux quantités qui sont contenues des nombres différents de fois dans une troisième, celle qui est contenue le moins de fois est la plus grande. Donc *un angle est toujours plus grand qu'une bande.*

40. THÉORÈME 4. — *Par un point D pris hors d'une droite AB on ne peut mener qu'une seule parallèle DE à cette droite (fig. 14).*

Supposons en effet qu'on puisse en mener une seconde DF, cette seconde ferait avec la première un certain angle EDF, mais comme DF est supposé parallèle à AB, elle ne pourrait rencontrer AB et serait dès lors entièrement comprise entre DE et AB; donc l'angle EDF serait entièrement contenu dans la bande DEAB, ce qui serait absurde, car un angle étant plus grand qu'une bande ne peut pas être contenu dans cette grandeur. Donc *par un point pris hors d'une droite on ne peut mener qu'une seule parallèle à cettte droite.*

41. THÉORÈME 5. — *Deux lignes sont parallèles*

1° *Lorsque les angles alternes internes sont égaux;*

2° *Lorsque les angles correspondants sont égaux;*

3° *Lorsque les angles alternes externes sont égaux.*

1° Soient AB et CD coupées par une troisième (*fig. 12*), et supposons que les angles alternes internes BIH et CHI soient égaux. Nous ferons d'abord observer que si les deux angles alternes internes BIH et CHI sont égaux, les deux autres angles alternes internes AIH, IHD sont aussi égaux. En effet AIH et BIH étant deux angles adjacents on a AIH + BIH = 2 droits; pour la même raison on a IHD + IHC = 2 droits, d'où AIH + BIH = IHD + IHC, et comme BIH = IHC on pourra supprimer BIH dans le premier nombre et IHC dans le second, ce qui donnera AIH = IHD.

Cela posé, divisons IH en deux parties égales au point O et faisons tourner de droite à gauche autour du point O la figure

BIHD jusqu'à ce que OH tombe suivant OI ; comme ces deux lignes sont égales, H tombera au point I, l'angle OHC étant égal à l'angle OIB la droite HC prendra la direction de IB, de même OI étant égal à OH le point I tombera sur le point H, et l'angle OIA étant égal à l'angle OHD, la ligne IA prendra la direction de HD ; or puisqu'on peut faire coïncider la figure AIHC avec la figure BIHD, ainsi que nous venons de le faire, il est évident que si les deux droites AB et CD se coupaient d'un côté de IH, à droite par exemple, elles se couperaient aussi de l'autre côté, ce qui est absurde, car *deux droites ne peuvent avoir deux points de commun sans se confondre.*

2° Supposons que les deux angles correspondants EIB, IHD soient égaux.

L'angle AIH et l'angle EIB sont égaux comme opposés par le sommet (25) ; donc AIH = IHD, c'est-à-dire que si les angles correspondants sont égaux, les angles alternes internes le sont aussi. Mais lorsque les angles alternes internes sont égaux, les lignes qui les forment sont parallèles, donc, etc.

3° On prouverait de la même manière que lorsque les angles alternes externes sont égaux, les angles alternes internes le sont aussi, et que par suite, les lignes qui les forment sont parallèles.

42. THÉORÈME 6. — Réciproquement, *lorsque deux droites sont parallèles :*

1° *Les angles alternes internes sont égaux ;*

2° *Les angles correspondants sont égaux ;*

3° *Les angles alternes externes sont égaux.*

Supposons que AB et CD soient parallèles. Si l'angle AIH n'était pas égal à IHD on pourrait toujours par le point I mener une droite telle que IL qui ferait avec IH un angle LIH égal à IHD ; mais en vertu de la proposition précédente, IL serait parallèle à AC, et comme AB est supposé parallèle à CD, par un même point I pris hors d'une droite CD on pourrait mener à cette droite deux parallèles IL et IA ce qui est impossible. Donc AIH = IHD. — On démontrerait de la même manière les deux autres cas.

43. Lorsque l'on considère un point pris hors d'une droite, on peut dire qu'il existe une infinité de distances de ce point à cette droite ; car on peut mener du point O à la ligne AB (*fig.* 9) autant de lignes OE, OD, OG, etc., que l'on veut. Mais parmi toutes ces distances, il y en a une qui est plus courte que toutes les autres, c'est la perpendiculaire OI abaissée du point sur la droite : c'est la longueur de cette perpendiculaire que l'on prend pour la vraie distance du point à la droite.

44. Lorsque deux droites quelconques sont tracées sur un même plan, on entend par la distance qui existe entre ces deux droites, la perpendiculaire abaissée d'un point de l'une d'elles sur l'autre.

Quand les deux droites ne sont pas parallèles, cette droite varie avec la position du point d'où elle est menée. Ainsi dans la figure 14 la distance AB est plus grande que la distance CD, mais lorsque les deux lignes sont parallèles, cette distance est toujours la même en quelque point qu'on la mène, c'est-à-dire que les perpendiculaires abaissées de tous les points de l'une sur l'autre sont égales.

Ainsi soient les deux parallèles AB et CD, si par les points FG pris arbitrairement sur l'une d'elles on élève des perpendiculaires à CD, jusqu'à la rencontre AB, ces deux perpendiculaires FH et GK seront égales (*fig.* 15).

45. THÉORÈME 7. *Toute perpendiculaire à une droite est aussi perpendiculaire sur la parallèle à cette droite.* Par exemple FH (*fig.* 15) qui a été menée perpendiculairement à CD, l'est aussi sur AB.

46. THÉORÈME 8. — *Deux parallèles comprises entre*

deux parallèles sont égales. Ainsi les droites parallèles EO et IU (*fig.* 16) comprises entre les droites parallèles AB, CD sont égales.

47. Lorsque deux segments de droite se coupent réciproquement en deux parties égales, les droites qui joignent leurs extrémités sont parallèles deux à deux. Ainsi AD (*fig.* 17) est parallèle à CB si AO = OB et DO = OC.

Il résulte de là un moyen de *mener une parallèle à une droite.* Supposons en effet qu'on veuille mener une parallèle à CB par le point A. On joindra le point A à un point quelconque de la droite CB par une droite AB; on joindra ensuite un autre point de la droite CB au milieu O de la droite AB et l'on prolongera CO d'une quantité OD égale à CO. En joignant le point A au point D on aura la parallèle demandée.

Questionnaire. — Qu'appelle-t-on lignes parallèles? — Qu'arrive-t-il lorsque deux parallèles sont coupées par une transversale? — Qu'appelle-t-on angles correspondants? — Qu'entend-on par angles alternes internes et angles alternes externes? — Qu'entend-on quand on dit que deux parallèles sont partout également distantes? — Construisez les figures ci-dessus.

CHAPITRE III.

DU CERCLE ET DE LA MESURE DES ANGLES.

PREMIÈRE SECTION.

48. **CERCLE.** — Un *cercle* est une portion de plan, limitée par une ligne courbe dont tous les points sont à égale distance d'un point intérieur O qu'on appelle *centre.* (*fig.* 18).

Pour concevoir cette figure, supposons qu'on fixe l'extrémité d'un fil au point O et qu'en tenant toujours le fil tendu, on promène une pointe placée à l'autre extrémité A du fil tout autour du point O, cette pointe tracera une ligne courbe ACDB, dont tous les points seront évidemment à égale distance du point O. La portion de plan limitée par cette ligne s'appelle un *cercle* dont le point O est le *centre*.

49. **CIRCONFÉRENCE.** — La *circonférence* est la ligne courbe ACDB qui limite le cercle (*fig.* 17).

Il ne faut donc pas confondre le cercle avec la circonférence. Le cercle est une surface qui a longueur et largeur ; tandis que la circonférence est une ligne qui n'est étendue qu'en longueur.

50. **RAYON.** — On appelle *rayon* (*fig.* 18) toute ligne menée du centre à la circonférence. Par exemple OA est un rayon.

51. **DIAMÈTRE.** — On nomme *diamètre* une droite telle que BC, dont les deux extrémités sont sur la circonférence et qui passe par le centre du cercle.

52. **CORDE.** — Une droite quelconque telle que CA, dont les deux extrémités sont sur la circonférence s'appelle *corde*. — On voit d'après cela que le diamètre n'est qu'une corde qui passe par le centre du cercle.

53. **ARC. — FLÈCHE.** — Un *arc* est une portion quelconque de circonférence, telle que CHA. — On appelle *flèche* une perpendiculaire IH élevée sur le milieu d'une corde CA et terminée à la circonférence. — C'est la plus longue des perpendiculaires à la corde, et comprise entre la corde et l'arc.

54. **SÉCANTE.** — On nomme *sécante* une droite infinie KL qui a deux points communs avec la circonférence.

Ce n'est autre chose qu'une corde prolongée à l'infini.

55. **TANGENTE.** — La *tangente* est une droite telle que PR, qui n'a qu'un seul point H de commun avec la circonférence.

Cette droite est tout entière en dehors du cercle et ne fait que le toucher.

56. **SECTEUR.** — Le *secteur* est une portion du cercle COA comprise entre un arc CHA et les deux rayons OC et OA qui aboutissent aux deux extrémités de cet arc.

57. **ANGLE DU SECTEUR.** — On appelle *angle du secteur* l'angle COA compris entre les rayons qui en forment les côtés.

58. **SEGMENT.** — Un *segment* est une portion du cercle CAH comprise entre une corde CA et l'arc CHA qu'elle sous-tend.

59. **ANGLE AU CENTRE.** — On appelle *angle au centre* un angle tel que BAC qui a son sommet au centre de la circonférence (*fig.* 19).

Il ne faut pas confondre *l'angle au centre* avec le *secteur*. Le secteur est la portion du plan limitée par l'arc et les deux rayons qui aboutissent aux deux extrémités de cet arc, tandis que pour concevoir l'angle au centre, il faut supposer que les rayons sont prolongés à l'infini et supprimer par la pensée l'arc compris entre ces rayons.

60. **ANGLE INSCRIT.** — On appelle *angle inscrit* un angle tel que BDE, qui a son sommet sur la circonférence, et dont les côtés sont des cordes (*fig.* 19).

61. THÉORÈME 1. — *Dans deux cercles tels que O et O'* (*fig.* 20 et 21) *dont les rayons OB et O'B' sont égaux,* 1° *deux angles égaux au centre BOC et B'O'C', interceptent sur la circonférence des arcs BAC et B'A'C', qui sont égaux, et réciproquement si les arcs BAC et B'A'C' sont égaux, les angles BOC et B'O'C' sont égaux.*

2° *Des cordes BC et B'C', sous-tendent des arcs égaux BAC et B'A'C';* réciproquement, *lorsque deux arcs sont égaux les cordes qui les sous-tendent sont égales.*

3° *Deux cordes égales BC et B'C' sont également éloignées du centre, ce qui signifie que si du centre on abaisse des perpendiculaires OI et O'I' sur les cordes proposées, ces perpendiculaires sont égales*, et réciproquement.

2

4° *De deux cordes inégales la plus petite est la plus éloignée du centre.*

Par exemple, si la corde B'H' est plus grande que la corde B'C' la perpendiculaire O'N', abaissée du centre sur B'H', sera plus courte que O'T.

5° *Deux angles au centre quelconques tels que B'O'H' et BOC sont entr'eux dans le même rapport que les arcs compris entre leurs côtés, c'est-à-dire que si l'arc B'H' est le double, le triple, le quadruple, etc., de l'arc BC, l'angle B'O'H' est le double, le triple, etc., de l'angle BOC.*

Cette dernière proposition peut encore s'énoncer de la manière suivante : *si, des sommets de deux angles pris comme centres, on décrit avec des rayons égaux des arcs terminés aux côtés de ces angles, le rapport qui existera entre ces arcs existera aussi entre les angles.*

Le théorème précédent subsiste encore quand les angles, les cordes et les arcs que l'on considère sont situés dans un même cercle au lieu de se trouver dans deux cercles égaux. Ainsi (*fig.* 22) l'arc AB est égal à l'arc ED, si l'angle AOB est égal à l'angle EOD, etc.

62. THÉORÈME 2. — *Si du centre d'un cercle on abaisse une perpendiculaire OA sur une corde BC* (fig. 22), *cette perpendiculaire divise la corde et l'arc sous-tendu en deux parties égales, c'est-à-dire que BA égale AC et que BI égale IC.*

63. THÉORÈME 3. — *Si l'on mène une droite GH perpendiculaire à l'extrémité d'un rayon O'C* (fig. 23), *cette perpendiculaire sera tout entière en dehors du cercle et n'aura que le point C de commun avec lui. Cette droite sera donc une tangente.*

64. CERCLES TANGENTS. — Deux cercles O et O' sont dits *tangents*, quand leurs circonférences n'ont qu'un seul point de commun D qu'on appelle *point de contact*. Ils peuvent être

extérieurs l'un à l'autre, comme dans la figure 23 ou *intérieurs* comme dans la figure 24.

65. **CERCLES SÉCANTS.** — On dit que deux cercles sont *sécants*, lorsque leurs circonférences se coupent en deux points B et C. (*fig.* 25).

66. **CERCLES CONCENTRIQUES. — COURONNE CIRCULAIRE.** — On appelle *cercles concentriques* deux cercles qui ont leur centre au même point (*fig.* 26), et l'on nomme *couronne circulaire* l'espace compris entre leurs circonférences. — On voit par là qu'une *couronne circulaire* n'est autre chose que ce qui resterait du plus grand cercle si l'on retranchait le plus petit.

67. **CIRCONFÉRENCES EXCENTRIQUES.** — Deux circonférences sont dites *excentriques* quand leurs centres ne sont pas au même point (*fig.* 27).

68. THÉORÈME 4. — *Quand deux circonférences O et O' sont tangentes, il est évident que la distance OO' des centres est égale à la somme des rayons OD et O'D'* (fig. 23), *et si, au point de contact D, on élève une perpendiculaire PR, cette perpendiculaire sera une tangente comme aux deux cercles.*

Cette proposition suppose que les deux cercles se touchent extérieurement, car s'ils se touchaient intérieurement; la distance des centres serait égale à leur différence.

Réciproquement *lorsque la distance des centres de deux circonférences est égale à la somme des deux rayons, on est certain que les deux circonférences sont tangentes extérieurement, et si la distance des centres est égale à la différence des rayons elles sont tangentes intérieurement.*

69. THÉORÈME 5. — *Lorsque deux circonférences O et O'* (fig. 25) *se coupent, la distance des centres O O' est plus petite que la somme des rayons et plus grande que leur différence.* Réciproquement *lorsque la distance des centres de*

deux circonférences est plus petite que la somme des rayons et plus grande que leur différence, on est assuré que ces deux circonférences se coupent.

Si, par exemple, le rayon d'une des circonférences est de 7 centimètres, et celui de l'autre circonférence de 5 centimètres, pour que les deux circonférences se coupent, il faut que la distance des centres ait moins de douze centimètres et plus de deux centimètres.

QUESTIONNAIRE. — Qu'est-ce que le cercle ? — Qu'appelle-t-on circonférence ? — Qu'est-ce que le rayon ? — ..... le diamètre ? — .... une corde ? — .... un arc ? — .... une flèche ? — .... une sécante ? — ..... une tangente ? — .... un secteur ? — ..... angle du secteur ? — ..... un segment ? — Qu'appelle-t-on angle au centre ? — Quelle différence y a-t-il entre l'angle au centre et le secteur ? — Qu'est-ce qu'un angle inscrit ? — Qu'appelle-t-on cercles tangents ? — ... cercles sécants ? — .... cercles concentriques ? — Qu'est-ce qu'une couronne circulaire ? — Qu'appelle-t-on circonférences excentriques ? — Enoncez les théorèmes ci-dessus. — Construisez les figures ci-dessus.

DEUXIÈME SECTION.

DU RAPPORT DE LA CIRCONFÉRENCE AU DIAMÈTRE.

70. RAPPORT DE LA CIRCONFÉRENCE AU DIAMÈTRE. — Le nombre de fois qu'une circonférence contient son diamètre s'appelle *rapport de la circonférence au diamètre.* Par exemple, si la circonférence d'un cercle était de 66 centimètres et que le diamètre fut de 21 centimètres, en divisant 66 par 21, on trouverait pour quotient $3\frac{1}{7}$, et ce quotient serait ce que l'on entend par *rapport* de la circonférence au diamètre.

Ce rapport est toujours le même quel que soit le rayon de la circonférence que l'on considère ; mais on n'a pas pu le calculer exactement, c'est-à-dire qu'on n'a pas pu trouver un nombre qui, multiplié par le diamètre d'un cercle quelconque, donne sans aucune errreur la longueur du fil qui, enroulé sur la circonférence, la couvrirait parfaitement.

Il peut paraître extraordinaire aux personnes qui ne connaissent pas la géométrie qu'on n'ait pu trouver le rapport exact de la circonférence au diamètre; on pourrait croire qu'il suffit de mesurer le diamètre et la circonférence d'un cercle, le diamètre au moyen d'un mètre, la circonférence au moyen d'un fil qu'on développerait ensuite, et de diviser les deux longueurs obtenues l'une par l'autre pour avoir le nombre de fois qu'une circonférence quelconque contient son diamètre; mais il faut observer que toutes les fois qu'on mesure une longueur, il est impossible de ne pas commettre une erreur; par exemple, on pourrait se tromper d'un dixième de millimètre en mesurant le diamètre et la circonférence d'un cercle: on conçoit d'après cela qu'en divisant la longueur trouvée pour la circonférence par la longueur trouvée pour le diamètre, on n'obtiendra jamais ce rapport sans aucune erreur. L'erreur que l'on commettrait par cette opération, ne serait pas appréciable pour des cercles d'une petite dimension, mais si l'on voulait se servir du rapport obtenu ainsi pour déterminer, par exemple, la circonférence d'un cercle qui aurait pour rayon les 34 millions de lieues qui séparent le soleil de la terre, on se tromperait bien certainement de plusieurs milliers de lieues.

Les géomètres ont déterminé, par des raisonnements qu'il n'entre pas dans le plan de cet ouvrage d'exposer, plusieurs rapports plus ou moins approchés de la circonférence au diamètre.

71. **RAPPORT APPROCHÉ.** — On entend par *rapport approché* de la circonférence au diamètre un nombre qui, multiplié par le diamètre, ne donne pas la circonférence exactement, mais un nombre qui en diffère très peu; plus l'erreur est petite, plus le rapport est dit *approché*.

72. Le plus simple de tous ces rapports est celui d'Archi-

mède, lequel est $\frac{22}{7}$. Ce rapport signifie qu'un cercle dont le diamètre serait de 7 mètres, aurait à quelques centimètres près 22 mètres de circonférence.

73. Il existe un autre rapport moins simple, mais beaucoup plus approché. Ce rapport, obtenu par Adrien Métius géomètre hollandais, est $\frac{355}{113}$.

74. Aujourd'hui, on emploie de préférence le rapport en fractions décimales trouvé par les géomètres modernes. Afin de pouvoir satisfaire à tous les besoins du calcul, on l'a déterminé avec 127 décimales; en employant ces 127 chiffres décimaux, on ne se tromperait pas d'un millième de millimètre sur une circonférence aussi vaste que celle dont nous avons parlé plus haut; c'est donc en quelque sorte un luxe d'exactitude, mais il n'est pas nécessaire d'employer ce rapport avec un si grand nombre de chiffres, on ne prend que quelques-uns des premiers chiffres qui suivent la virgule décimale, 5 par exemple. Dans tous les cas, le nombre qu'on en prend dépend du degré d'approximation qu'on veut obtenir. Quand on prend deux chiffres après la virgule, l'erreur que l'on commet est moindre d'un centième du diamètre; si l'on en prend trois, le rapport est exact à un millième près du diamètre, ainsi de suite. En prenant cinq décimales, ce rapport est 3,14159.

75. Puisque le rapport de la circonférence au diamètre est le nombre de fois que la circonférence contient le diamètre, il est évident que *lorsqu'on connaît le diamètre d'un cercle et le rapport de la circonférence au diamètre, il faut multiplier le diamètre par ce rapport pour avoir la circonférence.* Réciproquement, *si l'on connaît la longueur de la circonférence et qu'on veuille en déduire le diamètre, il faut diviser la circonférence par le même nombre.*

Supposons, par exemple, que le diamètre d'un cercle soit de 5 mètres: en multipliant 5 par 3,14159, on trouvera 15,70795 mètres pour la longueur de la circonférence.

Supposons maintenant qu'on ait à trouver le diamètre d'une tour, dans l'intérieur de laquelle on ne puisse pas pénétrer : on mesurera sa circonférence au moyen d'une corde, et si cette circonférence se trouvait, par exemple, de 15,70795 mètres, en divisant ce nombre par 3,14159, on aurait 5 mètres pour le diamètre.

Quelquefois on donne le rayon d'un cercle au lieu de donner le diamètre ; alors on commence par multiplier le rayon par 2 pour avoir le diamètre, puis on opère comme ci-dessus.

76. THÉORÈME. — *Deux circonférences de rayons différents sont entr'elles dans le même rapport que leurs rayons ou leurs diamètres.*

Soient pour fixer les idées, deux cercles ayant pour rayon l'un 15 mètres et l'autre 5 mètres. Comme 15 contient 3 fois 5, la circonférence du premier cercle sera trois fois plus grande que la circonférence du second.

QUESTIONNAIRE. — Qu'entend-on par rapport du diamètre à la circonférence ? — Qu'appelle-t-on rapport approché ? — Quel est le plus simple de tous ces rapports ? — Quel est le rapport le plus généralement employé ? — Comment trouve-t-on la longueur d'une circonférence, connaissant le diamètre, ou le rayon du cercle de cette circonférence ? — Connaissant la circonférence d'un cercle, comment trouve-t-on la longueur du diamètre et du rayon ?

TROISIÈME SECTION.

MESURE DES ANGLES.

77. *Mesurer un angle*, c'est chercher combien de fois cet angle en contient un autre pris pour unité de mesure.

Puisque deux angles égaux au centre interceptent des arcs égaux sur deux circonférences égales (61—5°) et que deux angles inégaux au centre interceptent sur les mêmes circonférences des arcs qui sont entr'eux dans le même rapport que les angles, il résulte qu'on peut prendre pour mesure d'un angle l'arc décrit de son sommet comme centre avec un rayon déterminé, et compris entre ses côtés.

En effet, au moyen des deux théorèmes que nous venons de rappeler, quand on connaîtra l'arc décrit du sommet d'un angle comme centre et compris entre ses côtés, on pourra ou construire graphiquement cet angle ou l'évaluer en nombre au moyen d'un angle quelconque pris pour unité.

Pour le démontrer soit **ACB** (*fig.* 28) un angle et **AB** un arc compris entre ses côtés et décrit de son sommet comme centre; supposons, en outre, qu'on ne fasse connaître que la longueur de l'arc **AB** et celle du rayon **CB**. On tirera une droite *cb;* d'un point *c* comme pris arbitrairement sur cette droite et d'un rayon égal à **CB**, on décrira un arc de cercle *bi* sur lequel on prendra une partie *ba* égale à **BA**; puis on joindra le point *c* au point *a*. Il est évident que l'angle *acb* sera égal à l'angle **ACB**, puisque ayant leurs sommets au centre des deux circonférences décrites avec des rayons égaux, ils interceptent sur ces deux circonférences des arcs égaux **AB** et *ab*.

78. Supposons maintenant qu'on veuille évaluer l'angle **ACB** en nombre au moyen d'un angle *eod* (*fig.* 29), pris pour unité de mesure. Pour cela on décrira du point *o* comme centre, avec un rayon égal à **CB**, un arc *ed* terminé aux côtés *oe* et *od;* puis on portera l'arc *ed* sur l'arc **AB** autant de fois qu'il pourra y être contenu, alors le nombre de fois que **AB** contiendra *ed* sera aussi le nombre de fois que l'angle **ACB** contiendra *eod*. Par exemple, si l'on trouve que *ed* peut être porté cinq fois juste sur **AB**, l'angle **ACB** sera égal à 5 fois l'unité de mesure qui est ici *eod*, en sorte que l'angle **ACB** se trouvera évalué en nombre et sera représenté par 5.

79. **DIVISION SEXAGÉSIMALE.** — Pour *comparer plus facilement les angles* au moyen des arcs interceptés entre

leurs côtés, on suppose divisée en 360 parties égales la circonférence dont chacun de ces arcs fait partie; chacune de ces parties s'appelle un *degré*. On suppose ensuite chaque degré divisé en 60 parties égales appelées *minutes*, puis chaque minute en 60 parties égales appelées *secondes*, ainsi de suite. On prend alors pour unité d'arc un degré et pour unité d'angle, l'angle au centre qui intercepte entre ses côtés un degré. Par ce moyen on peut facilement *évaluer un angle en nombre* en prenant l'unité d'angle dont nous venons de parler.

Appliquons ces principes à un exemple. Soit **ACB** (*fig.* 30) un angle qu'on se propose d'évaluer en nombre et soit **AB** l'arc qui sert de mesure à cet angle. D'un point **O** quelconque et d'un rayon égal à **CB**, supposons qu'on ait décrit une circonférence **OD** (*fig.* 31) et qu'on ait mené les deux diamètres perpendiculaires entr'eux **RS** et **ED**. En divisant chacun des arcs **DR**, **RE**, **ES** et **SD** en 90 parties égales, la circonférence se trouvera divisée en 360 parties égales. Soit **HOD** un angle au centre qui intercepte entre ses côtés une de ces 360 parties ou un degré; c'est cet angle qu'on prendra pour unité de mesure. On cherchera ensuite combien de fois l'arc **HD** sera contenu dans l'arc **AB**; s'il y est contenu un nombre juste de fois, 25 par exemple, l'arc **ACB** sera dit un angle de 25 degrés, c'est-à-dire qu'il contiendra 25 fois l'angle **HOD**. Si l'arc **HD** n'est pas contenu un nombre juste de fois dans **AB**, il faudra diviser l'arc **HD** en 60 parties égales, c'est-à-dire en minutes et porter une de ces minutes autant de fois qu'elle pourra y être contenue sur le reste qu'on aura obtenu en portant **HD** sur **AB** autant que possible. Si ce reste contient un nombre exact de fois une minute, 43 par exemple, l'angle **ACB** sera dit de 25 degrés, 43 minutes, c'est-à-dire qu'il contiendra 25 fois et $\frac{43}{60}$ de fois l'angle **HOD**, si toutefois l'arc **HD** a pu être porté 25 fois sur l'arc **AB**, avant qu'on ait obtenu ce reste d'arc qu'on a évalué en minutes.

Il faut remarquer que si l'arc **AB** qui sert de mesure à l'angle **ACB** avait été décrit d'un rayon plus grand, il aurait fallu pour l'évaluer en degrés, décrire avec un rayon plus grand aussi le circonférence qu'on aurait divisée en 360 parties égales, car cette circonférence doit toujours avoir un rayon égal à celui de l'arc que l'on veut mesurer; mais il est aussi nécessaire de remarquer que, quel que soit le rayon de l'arc **AB**, on trouvera qu'il contient toujours le même nombre de degrés. En effet, supposons qu'on veuille mesurer l'angle **ACB** au moyen d'un arc **A'B'** décrit avec un rayon **CB'** double de **CB**, il faudra pour évaluer **A'B'** en degrés, minutes, etc., décrire une circonférence d'un rayon **OD'** égal à **CB'**, la diviser en soixante parties égales, et porter une de ces parties égales sur **A'B'**. Comme **CB'** est double de **CB**, l'arc **A'B'** est évidemment le double de **AB**, et l'on pourrait croire que pour cette raison il doit contenir deux fois plus de degrés; mais il faut observer que les degrés, avec lesquels on le mesure, ont une longueur deux fois plus grande que ceux qui ont servi à mesurer l'arc **AB**, car la circonférence **OD'** étant aussi deux fois plus grande que la circonférence **OD**, la 360ᵉ partie **D'H'** de la première est double de la 360ᵉ partie **DH** de la seconde. Il résulte de là que l'arc **A'B'** contiendra le même nombre de degrés que l'arc **AB**.

On voit, d'après tout ce qui précède, qu'un degré n'a pas de longueur déterminée; si la circonférence que l'on divise en 360 parties égales a un rayon très petit, un degré pris sur cette circonférence est très petit et n'a, par exemple, qu'un millimètre de longueur; si, au contraire, cette circonférence est décrite avec un rayon très grand qui aurait, par exemple, 1,000 lieues, un degré pris sur cette circonférence aurait plusieurs lieues de longueur. Dans tous les cas, il faut remarquer que l'angle au centre qui intercepte un degré entre ses côtés a toujours la même grandeur; ainsi, dans la figure précédente, l'angle **H'OD'** ne diffère pas de l'angle HOD. Pour terminer, nous ferons observer que lorsqu'on dit qu'un arc est de tant de degrés et de tant de minutes, de 30 degrés 28 minutes, par exemple, cela signifie qu'il contient 30 fois la 360ᵉ partie d'une circonférence décrite avec le même rayon que cet arc, plus 28 fois la 60ᵉ partie d'un degré.

80. **CADRAN.** — On appelle *cadran* le quart de la circonférence. Puisque la circonférence est divisée en 360 degrés, il est évident qu'un cadran contient 90 degrés. Cette division est dite *sexagésimale*.

81. On désigne les degrés, minutes et secondes par les signes °, ', ''. Ainsi au lieu d'écrire 30 degrés 28 minutes 47 secondes, on écrit 30°, 28', 47''.

82. **DIVISION CENTÉSIMALE.** — On emploie aussi la division dite *centésimale* d'après laquelle on divise la circonférence en 400 parties égales appelées *grades*; il y a conséquemment dans le cadran 100 grades. Dans cette division, le grade se partage en 100 minutes, et la minute en 100 secondes, de sorte qu'on peut toujours représenter par un nombre décimal la grandeur d'un angle quelconque.

83. Cependant la division centésimale n'a pas prévalu, parce que le nombre 100 a moins de diviseurs que le nombre 90, et qu'on a souvent à considérer des arcs contenus exactement dans un quart de circonférence ou cadran. Je suppose, par exemple, que l'on ait à évaluer en degrés un sixième de cadran : En employant la division sexagésimale, on trouvera que cet arc est de $\frac{90}{6}$ ou de 15° juste; si, au contraire, on emploie la division centésimale, il faudra, pour évaluer le même arc en grades, diviser 100 par 6, et comme 100 n'est pas divisible par 6, on aura un nombre fractionnaire de grades; en effet, en effectuant la division, on trouve 16 grades $\frac{4}{6}$.

D'après cela il est inutile d'entrer dans d'autres détails sur la division centésimale puisqu'elle n'est pas usitée.

84. **ANGLES COMPLÉMENTAIRES.** — Deux angles HOB et COD (*fig.* 26) sont dits *compléments* l'un de l'autre ou *complémentaires* lorsque leur somme HOB est égale à un angle droit ou 90°.

85. **ANGLES SUPPLÉMENTAIRES.** — Deux angles COB et COA sont dits *supplémentaires* lorsque leur somme équivaut à deux angles droits ou à 180° (*fig.* 6).

86. **ARCS COMPLÉMENTAIRES et SUPPLÉMENTAIRES.** — On dit de même que deux arcs sont *complémentaires* ou *supplémentaires* suivant que leur somme est égale à 90 ou à 180°.

87. **MESURE DE L'ANGLE INSCRIT.** — Tout angle inscrit intercepte entre ses côtés un arc double de celui qu'il intercepterait s'il avait son sommet au centre de la circonférence. D'où résulte que *tout angle inscrit a pour mesure la moitié de l'arc compris entre ses côtés.* Par exemple, si un angle inscrit intercepte entre ses côtés un arc de 31°, cet angle sera de 15°—30'.

QUESTIONNAIRE. — Qu'est-ce que mesurer un angle? — Comment évalue-t-on un angle? — Qu'est-ce que la division sexagésimale?— ....centésimale ?— Qu'appelle-t-on angles et arcs complémentaires et supplémentaires? — Quelle est la mesure de l'angle inscrit ?

CHAPITRE IV.

PROBLÈMES ÉLÉMENTAIRES.

88. *Prendre sur une droite indéfinie AB* (fig. 32) *à partir d'un point donné A une longueur égale à une droite donnée CD.*

Du point A comme centre et d'un rayon égal à CD, on coupe la ligne AB au point H et AH sera la distance demandée. Il est inutile de marquer cet arc de cercle, il suffit de placer une des pointes du compas sur le point A et d'amener l'autre pointe sur la droite AB.

89. *Mesurer une ligne.* — Mesurer une ligne, c'est chercher combien de fois cette ligne en contient une autre que l'on prend pour *unité*. Soit AB (*fig.* 33) la ligne qu'il s'agit de mesurer, et soit *ab* celle que l'on prend pour unité. On prendra à partir du point A une distance AC égale à *ab*; puis, à partir du point C, une distance CD égale à la première, et ainsi de suite. Si *ab* peut être porté un nombre de fois juste sur AB, on aura mesuré cette dernière droite, qui se trouvera représentée par un nombre entier. Si, au contraire, en portant *ab* sur AB on trouve un reste, il faudra diviser AB en un certain nombre de parties égales (164) et mesurer le reste obtenu avec une de ces parties égales.

L'unité linéaire adoptée en France est le *mètre*. On appelle *décamètre*, *hectomètre*, *kilomètre*... la réunion de dix, cent, mille... mètres. Les subdivisions du mètre sont le *décimètre*, le *centimètre*, le *millimètre*... qui valent respectivement un dixième, un centième, un millième... de mètre.

90. *Tracer une droite sur le papier.* — Pour tracer une droite sur le papier, on fait glisser un tire-ligne ou une pointe de crayon le long d'une règle que l'on a soin de placer de façon qu'elle passe par les deux points qui déterminent la droite.

91. *Elever une perpendiculaire au milieu d'une droite* (fig. 34). De chacune des extrémités A et D, on décrit avec une même ouverture de compas plus grande que la moitié de la ligne, deux arcs de cercle qui se coupent aux points B et C, situés l'un au-dessus et l'autre au-dessous de la droite; on joint ces deux points par une ligne qui est la perpendiculaire demandée.

92. *Déterminer le milieu d'une droite.* — Cette construction sert aussi à *déterminer le milieu d'une droite*, ou en d'autres termes, *à la diviser en deux parties égales*, car la perpendiculaire BC passe par le milieu de AD. En répétant cette opération sur chacune des parties, *on peut diviser une droite en 4, 8, 16... parties égales.*

93. *Abaisser une perpendiculaire d'un point C pris hors la ligne AB sur cette même ligne* (fig. 35).

Du point C, avec une ouverture de compas plus grande que la distance de ce point à la ligne on décrit un arc qui coupe la ligne AB aux points D et G; de chacun de ces points et avec un rayon plus grand que la moitié de DG, on décrit deux arcs qui se coupent au point E, on mène CE qui est la perpendiculaire demandée.

94. *Mener une perpendiculaire à une droite par un point pris sur cette droite* (fig. 36).

Soit la ligne AB sur laquelle on veut élever une perpendiculaire par le point D. A droite et à gauche de ce point on prendra des distances égales DC et DF; puis de chacun des points C et F comme centres, avec des rayons égaux plus grands chacun que la moitié de CE, on décrira deux arcs de cercle qui se couperont en un certain point E. En joignant le point E au point D par la droite ED, on aura la perpendiculaire demandée.

Comme moyen de vérification, il est bon de déterminer au-dessous de DC le second point d'intersection des deux arcs décrits et de joindre le point E au point O. La droite qui en résulte doit passer par le point D.

95. *Elever une perpendiculaire à l'extrémité d'une droite qui ne peut être prolongée* (fig. 37). — Soit la ligne AB qu'on ne peut prolonger. Du point C, pris arbitrairement hors de la ligne comme centre et avec un rayon égal à CB, on décrit une circonférence qui coupe AB aux points D et B, on mène DC

qu'on prolonge jusqu'à la rencontre E de la circonférence. En tirant la droite EB, on a la perpendiculaire demandée.

96. *Par un point donné O mener une parallèle à une droite donnée AB* (fig. 38).

1er Procédé. D'un point quelconque C de la droite AB, avec une ouverture de compas égale à la distance CO, on décrit un arc OP qui coupe AB en P; du centre O, avec la même ouverture de compas, on décrit un deuxième arc FC; enfin, du centre C, avec une ouverture de compas égale à la distance PO des points P et O, on décrit un troisième arc qui coupe le deuxième en D. La droite OD est la parallèle cherchée.

2e Procédé. On mène une perpendiculaire AO sur AB (*fig.* 39), puis une perpendiculaire OF sur AO, laquelle est évidemment la parallèle demandée.

3e Procédé. On prend une équerre FDC (*fig.* 40) dont on place un des côtés sur la droite AB, puis on fait glisser cette équerre le long de AB jusqu'à ce que le côté FC, passe par le point O. On applique une règle FE sur le côté FC, puis on fait glisser l'équerre jusqu'à ce qu'elle passe par le point O. Alors une pointe de crayon promené le long de OH décrit la parellèle demandée. Ceci résulte de ce que *les deux angles correspondants EOH et DFD sont égaux, puisque chacun d'eux est en quelque sorte moulé sur l'équerre.*

S'il y a plusieurs parallèles à mener à une même droite, on fait glisser l'équerre et on l'arrête sur les divers points analogues à O. Dans ce cas, le procédé est expéditif et plus commode que tous les autres.

97. *Trouver le milieu d'un arc de cercle ACB* (fig. 41).

On élève une perpendiculaire MN sur le milieu de la corde AB de l'arc ABC; le point C où elle coupe cet arc est le milieu cherché. — Cette construction sert aussi à partager un arc en 2, 4, 8, 16.... parties égales.

98. *Trouver la bissectrice d'un angle C ou diviser cet angle en 2, 4, 8, 16.... parties égales* (fig. 42).

Du centre C, avec une ouverture de compas arbitraire, on décrit un arc OE entre les côtés de l'angle C, des centres O, E avec un rayon quelconque plus grand que la moitié de OE; on décrit deux autres arcs et l'on unit leur intersection B au sommet C; la droite CB divise l'angle C en deux parties égales et est la bissectrice demandée. — En répétant cette opération, on divise l'angle en 4, 8, 16.... parties égales.

99. *Construire un angle égal à un angle donné A en un point C d'une droite DE* (fig. 43).

Des points A et C, avec une ouverture de compas quelconque, mais plus petite que les côtés, on décrit les arcs HI et MN; du centre N, avec un rayon égal à HI, on décrit un troisième arc qui coupe le deuxième MN en O; on tire la droite CO et l'on a l'angle demandé.

100. *Trouver la somme de plusieurs angles* (fig. 44).

Pour prendre, par exemple, la somme de trois angles donnés, on construit trois angles *aob*, *boc*, *cod*, égaux aux trois angles proposés AOB, BOC, COD, et tels que deux angles consécutifs aient un côté de commun. L'angle AOD sera égal à la somme des angles donnés.

101. *Trouver la différence de deux angles* (fig. 45).

Pour obtenir la différence de deux angles, on tire deux droites AB et AD qui fassent avec une même ligne AC, la première, un angle BAC égal au plus grand des deux angles donnés, la seconde, un angle DAC égal au plus petit. L'angle BAD compris entre ces deux droites sera la différence demandée.

102. *Mener une tangente à un cercle par un point pris soit sur la circonférence soit au dehors* (fig. 46).

Si le point donné D est pris sur une circonférence, il suffira, de mener un rayon OD au point D et de lui élever une perpendiculaire DH par ce point.

Si le point donné D (*fig.* 47) est hors de la circonférence, on joindra le centre du cercle par une droite OD, on divisera la droite O en deux parties égales au point I; puis du point I comme centre et d'un rayon égal à ID on décrira une circonférence qui coupera la circonférence donnée en deux points M et N ; en joignant ces deux points au point D par les droites MD et ND chacune de ces droites sera tangente à la circonférence donnée.

On voit par cette construction que lorsque le point donné est hors de la circonférence, il y a deux solutions; de plus, chacune des deux tangentes que l'on détermine sont égales et font des angles égaux avec la droite qui joint le point donné au centre du cercle.

103. *Faire passer une circonférence par 3 points donnés non en ligne droite* ABC (*fig.* 48). On joint le point A au point B et le point B au point C, par les deux droites AB et BC, et on élève sur leurs milieux les perpendiculaires MP, NQ qui se rencontrent essentiellement en O, si les lignes AB et BC forment un angle, c'est-à-dire si les trois points ne sont pas en ligne droite. Si du centre O, avec un rayon OA on décrit une circonférence, elle passera par les trois points ABC.

QUESTIONNAIRE. — Par un point O menez une parallèle à une droite donnée. — Indiquez les divers procédés pour la solution de ce problème. — Trouvez le milieu d'un arc de cercle. — Trouvez la bissectrice d'un angle, ou divisez un angle en 2, 4, 8, 16... parties égales. — Construisez un angle égal à un angle donné. — Comment trouve-t-on la somme de plusieurs angles? — Comment obtient-on la différence de deux angles? — Menez une tangente à un cercle par un point pris soit sur la circonférence soit au dehors. — Comment fait-on passer une circonférence par trois points donnés non en ligne droite? — Construisez au fur et à mesure les figures de chaque question.

CHAPITRE V.

DES POLYGONES.

PREMIÈRE SECTION.

DES POLYGONES EN GÉNÉRAL.

104. POLYGONE. — On appelle *polygone* une portio de plan ABCDE limitée par des droites AB, BC, CD, etc. qui se coupent et qu'on nomme *côtés* (*fig.* 49).

Il est évident que dans un polygone il y a autant d'angle que de côtés. Ainsi dans le polygone nommé il y a cinq côt et cinq angles.

105. Il n'y a point de polygone de moins de trois cô tés, et la raison en est sensible, puisque pour former u angle, il faut au moins deux droites, et que pour limite cet angle il faut nécessairement une troisième droite.

106. On classe les polygones d'après le nombre des cô tés. Le plus simple est le *triangle* ou *trilatère*; viennen ensuite le *quadrilatère* ou polygone de quatre côtés, le *pen tagone* ou polygone de cinq côtés, l'*hexagone* ou polygon de six côtés, l'*heptagone* ou polygone de sept côtés, l'*oc togone* ou polygone de huit côtés, l'*ennéagone* ou polygon

de neuf côtés, le *décagone* ou polygone de dix côtés, l'*endécagone* ou polygone de onze côtés, le *dodécagone* ou polygone de douze côtés; au-delà les polygones n'ont pas de noms particuliers, excepté ceux de quinze et de vingt côtés qui s'appellent *pentédécagone* et *icosogone*.

107. **DIAGONALE.** — On appelle *diagonale* une droite telle que AC qui joint deux sommets quelconques A et C non situés sur le même côté (*fig.* 49).

108. **PÉRIMÈTRE.** — Le *périmètre* ou le *contour* d'un polygone est la somme de tous ces côtés.

109. **POLYGONE CONVEXE.** — Un polygone tel que ABCDE (*fig.* 50) est *convexe*, lorsque son périmètre ne peut pas être rencontré en plus de deux points I et H par une ligne droite MN, ou lorsqu'un de ses côtés AB prolongé indéfiniment, ne rencontre aucun des autres côtés. — Un polygone tel que ABCDEF (*fig.* 51) est dit *concave* ou à *angles rentrants*, lorsque son périmètre peut être coupé en plus de deux points par une ligne droite, ou qu'un des côtés DE prolongé suffisamment rencontre le polygone.

110. **POLYGONE ÉQUILATÉRAL.** — Un polygone est *équilatéral* quand tous ses côtés sont égaux, et *équiangle* quand tous ses angles sont égaux.

111. Deux polygones sont équilatéraux entr'eux lorsque leurs côtés sont égaux chacun à chacun et disposés dans le même ordre.

112. Deux polygones sont équiangles entr'eux lorsque leurs angles sont égaux chacun à chacun et disposés dans le même ordre.

113. **POLYGONE INSCRIT ET CIRCONSCRIT.** — Un polygone est *inscrit* à une circonférence lorsque tous ses sommets sont situés sur la circonférence. — La circonférence

est dite *circonscrite* au polygone (*fig.* 52). — Un polygone *circonscrit* est un polygone dont tous les côtés sont tangents à la circonférence. Dans ce cas la circonférence est dite inscrite au polygone (*fig.* 52 *bis*).

114. La somme des angles d'un polygone ne dépend que du nombre des côtés. Pour l'obtenir il faut retrancher deux unités du nombre des côtés et multiplier deux droits par le reste; ce que l'on énonce ordinairement, en disant : que *la somme des angles d'un polygone est égale à autant de fois deux droits qu'il y a de côtés moins deux.*

115. Cette proposition fournit un moyen commode pour trouver la valeur de chaque angle d'un polygone équiangle. Considérons, par exemple, un polygone de six côtés. Pour avoir la somme des 6 angles, il faudra retrancher 2 de 6, ce qui donnera 4, et multiplier deux droits par 4; on aura alors huit angles droits pour la somme des six angles. Donc, puisque ces six angles sont ici supposés égaux, chacun d'eux sera égal à 8 droits divisés par $6 = 1$ droit $\frac{2}{6} = 1$ droit $\frac{1}{3}$, ou en degrés $90 + 30 = 120°$.

Questionnaire. — Qu'est-ce qu'un polygone? — Combien y a-t-il d'angles dans un polygone? — Comment classe-t-on les polygones? — Nommez les polygones. — Qu'appelle-t-on diagonale? —.... périmètre? — Qu'est-ce qu'un polygone convexe? —.... concave? — Quand est-ce qu'un polygone est équilatéral? —.... équiangle? — Quand est-ce que deux polygones sont équilatéraux? —.... équiangles entr'eux? — Qu'est-ce qu'un polygone inscrit? —... circonscrit? — A quoi est égale la somme des angles d'un triangle? — Trouvez la valeur d'un angle d'un polygone équiangle. — Construisez à vue d'œil et ensuite graphiquement tous les polygones ci-dessus.

DEUXIÈME SECTION.

DES TRIANGLES.

116. On appelle *triangle* l'espace compris entre trois droites qui ont deux à deux une extrémité commune (*fig.* 53).

Tout triangle a six éléments : trois angles et trois côtés.

117. On distingue trois sortes de triangles relativement à leurs côtés :

1° Le triangle *équilatéral* dont les trois côtés sont égaux (*fig.* 54) ;

2° Le triangle *isocèle* qui a deux côtés égaux (*fig.* 55) ;

3° Le triangle *scalène* dont les trois côtés sont inégaux (*fig.* 56).

118. Les triangles par rapport à leurs angles sont aussi appelés :

1° Triangle *rectangle* celui qui a un angle droit (*fig.* 57); le côté opposé à l'angle droit s'appelle *hypothénuse* et les deux côtés de l'angle droit *cathètes* ;

2° Triangle *obtusangle*, celui qui a un angle obtus (*fig.* 58) ;

3° Triangle *acutangle*, celui dont les trois angles sont aigus (*fig.* 59).

119. La somme des trois angles d'un triangle vaut toujours deux angles droits ou 180 degrés. Ainsi l'on conclut de là :

1° *Que lorsque l'on connaît deux angles d'un triangle, on trouve le troisième en retranchant de* 180° *la somme des deux premiers ;*

2° *Qu'il ne peut y avoir qu'un seul angle droit dans un triangle ; car il ne reste plus pour les autres que* 90 *degrés ;*

3° *Que les deux angles aigus d'un triangle rectangle valent toujours un angle droit, et sont réciproquement complémentaires ;*

4° *Qu'un triangle ne peut avoir qu'un seul angle obtus, la somme des deux autres étant moindre que 90 degrés ;*

5° *Que, lorsque deux angles d'un triangle sont égaux à deux angles d'un autre triangle, le troisième du premier est égal au troisième du second ;*

6° *Que dans un triangle rectangle isocèle, chaque angle aigu est égal à 45°, car dans ce cas les deux angles aigus sont égaux, et comme leur somme est de 90° il est clair que chacun d'eux est égal à* $\frac{90}{2} = 45°$.

120. HAUTEUR D'UN TRIANGLE. — La *hauteur d'un triangle* est la perpendiculaire CD abaissée de l'un des sommets sur le côté opposé ou sur son prolongement. Le côté AB s'appelle alors *base* (*fig.* 60).

QUESTIONNAIRE. Combien d'éléments a un triangle quelconque? — Combien y a-t-il d'espèces de triangles par rapport à leurs côtés? — ..., relativement à leurs angles? — Définissez le triangle équilatéral? — .... isocèle? — .... scalène? — .... rectangle? — .... obtusangle? — Qu'appelle-t-on hypothénuse? — .... cathètes? — Combien vaut la somme des angles d'un triangle? — Quelles conséquences tire-t-on de là? — Qu'appelle-t-on hauteur d'un triangle? — .... base? — Construisez les figures ci-dessus, d'abord à vue d'œil et ensuite graphiquement.

TROISIÈME SECTION.

PROPRIÉTÉS DES TRIANGLES.

121. Il y a trois signes auxquels on reconnaît que deux triangles sont égaux : 1° *Lorsqu'ils ont leurs trois côtés égaux* *chacun à chacun; 2° lorsqu'ils ont un angle égal compris entre deux côtés égaux chacun à chacun; 3° lorsqu'ils ont un côté égal adjacent à deux angles égaux chacun à chacun.*

Soient par exemple les deux triangles ABC, *abc* (*fig.* 61). Si AB = *ab*, BC = *bc*, AC = *ac*, on dira que les deux triangles ont leurs trois côtés égaux chacun à chacun et ces deux triangles seront égaux.

Si l'angle ABC = l'angle *abc*, AB = *ab* et BC = *bc*, on dira que les deux triangles ont un angle égal compris entre deux côtés égaux chacun à chacun et les deux triangles seront égaux.

Enfin, si AB = *ab*, l'angle BAC = *bac*, et l'angle ABC = *abc*, les deux triangles seront égaux comme ayant un côté égal adjacent à deux angles égaux chacun à chacun.

Si les deux triangles étaient rectangles, il suffirait pour qu'ils fussent égaux, qu'ils eussent l'hypothénuse égale et un côté égal, ou l'hypothénuse égale et un angle aigu égal.

122. Si l'on joint chaque sommet d'un triangle ABC (*fig.* 62), au milieu du côté opposé, par des droites AI, BH, CO, ces trois droites se coupent en un même point N, et ce point se trouve au tiers de chacune d'elles à partir de la base ou aux deux tiers à partir du sommet; ce point s'appelle le *centre de gravité* du triangle, c'est-à-dire, que c'est le point autour duquel un triangle pesant resterait en équilibre dans quelque position qu'on le plaçât.

123. Les trois hauteurs d'un triangle concourent aussi à un même point (*fig.* 63), ainsi que les perpendiculaires élevées sur les milieux des trois côtés (*fig.* 64).

124. Il existe encore trois lignes qui se coupent en un même point dans un triangle; ce sont les bissectrices des trois angles.

125. Il y a donc quatre points remarquables dans un triangle : 1° *Le centre de gravité; 2° le point de concours des trois hauteurs ; 3° le point de concours des perpendiculaires élevées sur les trois côtés; 4° enfin le point de concours des bissectrices.*

Ces quatre points peuvent être facilement déterminés comme on peut le voir au moyen des problèmes élémentaires exposés dans le Chapitre IV.

Le troisième de ces points est le centre du cercle circonscrit et le quatrième le centre du cercle inscrit ; en sorte que pour circonscrire un cercle au triangle ABC (*fig.* 65), il suffira de déterminer le point O et de décrire de ce point comme centre une circonférence avec un rayon égal à une quelconque des trois distances OA, OB, OC. Cette circonférence passera alors par les trois sommets du triangle.

126. S'il s'agit d'inscrire un cercle dans le triangle ABC (*fig.* 66), on commence par déterminer le point O de concours des trois bissectrices ; puis on abaisse de ce point une perpendiculaire OH sur un quelconque des trois côtés et l'on décrit une circonférence du point O comme centre et avec un rayon égal à OH.

127. Dans tout triangle isocèle ABC (*fig.* 67), les angles A et B aux côtés égaux sont égaux. *Réciproquement* si les angles A et B sont égaux les côtés CA et CB sont égaux et le triangle est isocèle.

128. Dans tout triangle équilatéral, les trois angles sont égaux, c'est-à-dire que ce triangle est aussi équiangle. Il est donc facile d'avoir la valeur de chaque angle, car, puisqu'ils sont égaux et que leur somme est égale à 180° ou deux droits, il est évident que chacun d'eux sera égal à $\frac{180}{3} = 60$ ou les $\frac{2}{3}$ de l'angle droit.

129. *Les surfaces de deux triangles qui ont des bases égales sont entr'elles dans le même rapport que les hauteurs.* Supposons, par exemple, que dans les deux triangles ABC, *abc* (*fig.* 68), les bases AC et *ac* soient chacune de 8 mètres et que les hauteurs soient la première de 2 et l'autre de 6 mètres. Comme 6 contient 3 fois 2, c'est-à-dire que le rapport des hauteurs est 3, la surface du triangle *abc* sera trois fois plus grande que la surface du triangle ABC.

130. De même, *si deux triangles ont des hauteurs égales, ces deux triangles sont entr'eux comme leurs bases.*

131. *Deux triangles qui ont même base et même hauteur sont équivalents.*

Soient, par exemple, les triangles ABC, ABD, ABE, etc. (*fig.* 69), qui ont une base commune et dont les sommets sont sur une même ligne parallèle à la base. Ces triangles auront évidemment mêmes hauteurs, puisque deux parallèles sont partout également distantes; dès-lors ils seront équivalents.

Questionnaire. Combien y a-t-il de signes auxquels on reconnaît l'égalité de deux triangles? — Qu'arrive-t-il lorsqu'on joint chaque côté d'un triangle au milieu du côté opposé? — Quel est le point que déterminent les trois hauteurs d'un triangle? — .... les bissectrices des trois angles? — Quels sont les trois points remarquables d'un triangle? — Comment circonscrit-on un cercle à un triangle? — Comment inscrit-on un cercle dans un triangle? — Comment reconnaît-on qu'un triangle est isocèle? — Trouvez la valeur de chaque angle d'un triangle équilatéral. — Dans quel rapport se trouvent les surfaces de deux triangles qui ont des bases égales? — .... lorsque ces triangles ont mêmes hauteurs? — Qu'arrive-t-il lorsque deux triangles ont même base et même hauteur? — Démontrez-le et construisez les figures ci-dessus.

QUATRIÈME SECTION.

PROPRIÉTÉS DES QUADRILATÈRES.

132. Il y a cinq espèces de quadrilatères qui se distinguent d'un quadrilatère quelconque, savoir : le *carré*, le *rectangle*, le *parallélogramme*, le *losange* et le *trapèze*.

133. CARRÉ. — Le *carré* a ses quatre angles droits et ses quatre côtés égaux (*fig.* 70).

134. RECTANGLE. — Le *rectangle* a ses quatre angles droits, sans avoir tous ses côtés égaux (*fig.* 71).

135. PARALLÉLOGRAMME. — Le *parallélogramme* a ses côtés opposés parallèles (*fig.* 72).

136. LOSANGE. — Le *losange* à ses côtés égaux (*fig.* 73).

137. TRAPÈZE. — Le *trapèze* a deux côtés parallèles (*fig.* 74).

138. Le carré a ses côtés parallèles deux à deux et ses diagonales se coupent réciproquement en deux parties égales et à angles droits.

139. Puisqu'un carré a ses côtés parallèles, on peut dire qu'un carré est un parallélogramme, et comme il a ses côtés égaux, il est, en même temps, un losange. On peut encore dire qu'un carré est un rectangle puisqu'il a ses angles droits.

140. On voit par tout ce qui précède que le carré est le polygone le plus régulier de tous; c'est pour cette raison qu'on le prend pour *unité de surface*.

141. Dans le rectangle les côtés opposés sont aussi parallèles et égaux, en sorte qu'un rectangle est encore un parallélogramme, mais il n'est pas un losange parce que deux côtés

quelconques ne sont pas égaux. Les deux diagonales s'y coupent en deux parties égales comme dans le carré, mais ne sont pas perpendiculaires l'une sur l'autre (*fig.* 75).

142. Le parallélogramme a ses côtés opposés égaux et ses deux diagonales se coupent réciproquement en deux parties égales, mais non à angles droits (*fig.* 76).

143. Le losange a ses côtés opposés parallèles et ses deux diagonales se coupent de la même manière que dans le carré, c'est-à-dire réciproquement en deux parties égales et à angles droits.

144. Dans le trapèze la ligne qui joint les milieux des côtés non parallèles est parallèle aux deux bases, c'est-à-dire aux deux côtés parallèles; de plus, cette ligne est égale à la demi-somme des bases (*fig.* 77).

145. Dans chacune des cinq figures précédentes on appelle *hauteur* la perpendiculaire menée entre deux côtés opposés, et chacun des côtés sur lequel cette perpendiculaire est élevée, prend le nom de *base*.

QUESTIONNAIRE. Combien compte-t-on d'espèces de quadrilatères? — Qu'est-ce que le carré? — .... le rectangle? — .... le parallélogramme? — .... le losange? — .... le trapèze? — Quelles sont les propriétés du carré? — ... du rectangle? — ... du parallélogramme? — .... du losange? — .... du trapèze? — Qu'appelle-t-on hauteur et base des figures ci-dessus? — Construisez ces figures.

CINQUIÈME SECTION.

PROBLÈMES SUR LES TRIANGLES ET LES QUADRILATÈRES.

146. 1er PROBLÈME. *Construire un triangle connaissant les trois côtés LMN* (fig. 78).

On tire une droite AB égale à L; des centres A et B, avec des ouvertures de compas respectivement égales à M et à N, on décrit deux arcs, et l'on unit leur point d'intersection C aux extrémités A et B par les droites AC et BC ; le triangle ABC est le triangle demandé.

147. 2e Problème. *Construire un triangle connaissant un côté et deux angles* (fig. 79).

La connaissance de deux angles entraînant celle du troisième, cette question rentre dans celle-ci : *Construire un triangle, connaissant un côté O et les deux angles adjacents FG.* — On tire une droite AB égale à O ; au point A, on fait l'angle JAB égal à l'angle D, et au point B l'angle CBA égal à I. Le triangle CBA satisfait évidemment à l'énoncé.

Ce problème comprend encore celui-ci : *Construire un triangle rectangle dont on connaît un côté quelconque et un angle aigu.*

148. 3e Problème. *Conssruire un triangle connaissant deux côtés MN et l'angle A compris* (fig. 80).

Au point O d'une droite indéfinie OP, on fait l'angle POR égal à l'angle A ; on prend OB égale à la droite M, OC égale à la droite N, et on tire BC. Le triangle est évidemment le triangle cherché.

149. 4e Problème. *Construire un triangle connaissant deux côtés MN et l'angle O opposé au côté M* (fig. 81).

On tire une droite AB égale au côté N. Par le point A on tire une autre droite indéfinie AH qui fasse avec AB un angle égal à l'angle O. Puis du point B comme centre et d'un rayon égal au côté M, on décrit un arc de cercle qui coupera généralement la droite AH en deux points C et D ; alors il est évident qu'en joignant le point C et le point D au point B, chacun des triangles ABC et ABD satisfera à l'énoncé.

150. *Remarque.* Il y aura donc généralement deux solutions; cependant il peut se faire que l'arc décrit du point B comme centre ne rencontre qu'en un point C la droite AH (*fig.* 81), auquel cas il serait tangent à cette droite, alors il n'y aurait qu'une solution : ce serait le triangle ACB. Il peut même arriver que l'arc décrit du point B comme centre ne rencontre pas la droite AH, dans ce cas le problème sera impossible.

151. 5° Problème. *Construire un carré connaissant un des côtés AB* (fig. 82).

On tire une droite CD égale au côté donné AB. A chacun des points C et D, on élève une perpendiculaire sur laquelle on prend une quantité égale au côté donné. On tire la ligne EF et l'on a le carré demandé.

On peut, au moyen de ce problème, *construire un rectangle dont on connaît la longueur des deux côtés.*

152. 6° Problème. *Connaissant la diagonale F d'un carré, construire ce carré* (fig. 83).

Pour cela, il faut mener deux lignes perpendiculaires entr'elles; puis, du point d'intersection comme centre et d'un rayon égal à la moitié de la diagonale donnée, décrire une circonférence qui coupe ces deux perpendiculaires en quatre points que l'on joint deux à deux, et l'on a le carré cherché.

Questionnaire. Comment construit-on un triangle connaissant les trois côtés?— .... connaissant un côté et deux angles?— .... connaissant deux côtés et l'angle opposé au côté? — .... un carré connaissant un des côtés? — .... connaissant la diagonale d'un carré construire ce carré?

CHAPITRE VI.

DES POLYGONES SEMBLABLES.

PREMIÈRE SECTION.

DE LA SIMILITUDE DES POLYGONES.

153. **POLYGONES SEMBLABLES.** — On appelle *poly-gones semblables* deux polygones qui ont leurs angles égau chacun à chacun et leurs côtés *proportionnels*; c'est-à-dir qu'en suivant les contours des deux polygones dans le mêm sens,

1° Le premier angle du premier polygone doit être éga au premier angle du second, le deuxième angle du premie polygone doit être égal au deuxième angle du second polygone et ainsi de suite;

2° Le rapport qui existe entre le premier côté du premie polygone et le premier côté du deuxième doit être égal a rapport qui existe entre le deuxième côté du premier polygon et le deuxième côté du second, et ainsi de suite.

154. **COTÉS HOMOLOGUES.** — On appelle *côtés homo-logues* deux côtés situés de la même manière dans les deu figures, c'est-à-dire adjacents à des angles égaux.

155. Pour mieux faire comprendre la définition des polygones semblables, soient deux polygones ABCDE et *abcde* (*fig.* 84). Supposons que l'angle A = l'angle *a*, l'angle B = l'angle *b*, l'angle C = l'angle *c*, l'angle D = l'angle *d*, l'angle E = l'angle *e*; supposons, en outre, que le côté AB soit trois fois plus grand que le côté *ab*, que le côté BC soit aussi trois fois plus grand que le côté *bc*, et ainsi de suite; c'est-à-dire que le rapport qui existe entre deux côtés homologues quelconques, soit égal à 3; si ces conditions sont remplies, les deux polygones seront dits *semblables*.

156. On voit d'après ce qui précède que les côtés de deux polygones semblables peuvent former une suite de rapports égaux dans laquelle les deux termes d'un même rapport sont deux côtés homologues. Ainsi, si les deux polygones ABCDE et *abcde* sont semblables, on devra avoir la suite des rapports égaux AB : *ab* :: BC : *bc* :: CD : *cd* :: DE : *de* :: EA : *ea*.

157. Deux polygones construits d'après les nombres indiqués dans la figure 84 seraient deux polygones semblables, parce que tous leurs angles seraient égaux chacun à chacun et que l'on aurait entre tous leurs côtés la suite de rapports égaux 30 : 24 :: 20 : 16 :: 10 : 8 :: 35 : 28 :: 5 : 4. En effet, prenons deux rapports quelconques, par exemple les deux rapports 20 : 16 et 35 : 28; le premier $= \frac{20}{16} = \frac{5}{4} = 1\frac{1}{4}$ et le second est égal à $\frac{35}{28} = \frac{5}{4} = 1\frac{1}{4}$.

158. Deux triangles sont semblables :

1° *Lorsqu'ils ont les trois angles égaux chacun à chacun ou seulement deux*, car on sait que *lorsque deux triangles ont deux angles égaux chacun à chacun, le troisième du premier est égal au troisième du second*;

2° *Lorsqu'ils ont leurs trois côtés proportionnels*;

3° *Lorsqu'ils ont un angle égal compris entre côtés pr portionnels.*

Ainsi soient les deux triangles ABC, *abc* (*fig.* 85). C deux triangles seront semblables, ou si l'on a A$=a$, B= C$=c$, ou si AB : *ab* :: BC : *bc* :: CA : *ca*, ou enfin si l' a en même temps A$=a$ et AB : *ab* :: AC : *ac*.

159. Il résulte de là que *lorsque les angles d'un triang sont égaux, les trois côtés sont en même temps propo tionnels ; que lorsque ces deux triangles ont leurs trois côt proportionnels, tous leurs angles sont égaux chacun à ch cun, et que lorsqu'ils ont un angle égal compris entre côt proportionnels, leurs trois côtés sont proportionnels et to leurs angles sont égaux chacun à chacun.*

160. Lorsque l'on considère deux figures qui ont plus trois côtés, deux quadrilatères, deux pentagones, etc., p exemple, on ne peut plus déduire l'égalité des angles de proportionnalité des côtés et réciproquement ; mais on a u autre condition nécessaire et suffisante pour que deux pol gones quelconques soient semblables. Cette condition est qu'i puissent se décomposer en un même nombre de triangles sen blablement placés et semblables chacun à chacun. Par exemple les deux polygones ABCDE et *abcde* sont semblables, si l triangles ABC et *abc*, ACD et *acd*, et ADE et *ade* qui so placés de la même manière dans les deux figures, sont sem blables chacun à chacun (*fig.* 84).

161. *Les périmètres de deux polygones semblables son dans le même rapport que deux côtés homologues quelcon ques.* Par exemple, si dans la figure 84 le côté AB est ég à $1\frac{1}{2}$ fois le côté *ab*, la somme de tous les côtés du polygon ABCDE sera aussi égale à $1\frac{1}{2}$ fois la somme de tous les côté du polygone *abcde*.

QUESTIONNAIRE. Qu'appelle-t-on polygones semblables? — Que nomme-t-on côtés homologues? — Quand est-ce que deux polygones sont semblables? — Que résulte-t-il de l'égalité de deux triangles? — Théorème.

DEUXIÈME SECTION.

DES LIGNES PROPORTIONNELLES ET DES PROBLÈMES SUR LES POLYGONES SEMBLABLES.

162. Toute ligne DE menée parallèlement à un côté AB d'un triangle (*fig.* 86) divise les deux autres côtés AC et CB en parties proportionnelles, c'est-à-dire qu'on a la proportion AD : DC :: BE : EC, ou en alternant les moyens AD : BE :: DC : EC.

163. Si l'on mène plusieurs parallèles DE, HI, GF à un des côtés AB d'un triangle (*fig.* 87) toutes les parties en lesquelles les deux autres côtés seront divisés, seront proportionnelles, c'est-à-dire qu'on aura la suite de rapports égaux AD : BE :: DH : EI :: HG : IF :: GC : FC, ou, ce qui revient au même, que deux parties quelconques DH et GC prises sur l'un des deux côtés sont entr'elles dans le même rapport que les deux parties opposées EI et FC prises sur l'autre côté.

164. 1er PROBLÈME. *Partager une droite en autant de parties égales qu'on voudra, par exemple en cinq* (fig. 88).

Par l'extrémité A on tire la droite AO, sur laquelle on prend à volonté cinq parties égales; on joint l'extrémité C de la ligne à partager avec la 5e division; on mène autant de parallèles qu'il y a de divisions et la droite AC est ainsi partagée en cinq parties égales.

Il est facile de voir que par cette construction on résoud problème. En effet, dans le triangle ACB les lignes EL FG, etc., étant parallèles au côté BC, divisent les deux autr côtés en parties proportionnelles, et comme AB est par con truction partagé en parties égales, la ligne AC l'est aussi, qui était la condition à remplir.

165. 2ᵉ Problème. *Diviser une droite AB en parties pr portionnelles à des droites données KL, MN* (fig. 89).

Par le point A menons une droite indéfinie AC qui fas avec AB un angle quelconque; sur cette droite indéfinie pr nons à partir du point A les distances AD, DE, EF, F respectivement égales aux lignes données. Joignons le point au point B et par les points D, E, F menons des parallèl à GB. Ces parallèles coupent AB en parties proportionnell aux droites données.

166. 4ᵐᵉ **PROPORTIONNELLE.** — Une 4ᵐᵉ *proportion nelle à 3 droites données* est une autre droite qui forme le 4 terme d'une proportion dans laquelle les trois premiers term sont les droites données dans l'ordre indiqué. Ainsi une 4 proportionnelle à trois lignes K, L, M doit être telle qu'en représentant par x on ait la proportion K : L :: M : x, et no pas, par exemple, la proportion L : K :: M : x, c'est-à-dir qu'il faut, dans la proportion, conserver l'ordre dans lequ sont énoncées les trois lignes données. Si, par exemple, le trois lignes avaient les longueurs respectives suivantes : 5 mètres, 30ᵐ, 25ᵐ, la 4ᵐᵉ ligne devrait être de 15 mètres pour qu'on pût avoir la proportion 50 : 30 :: 25 : 15.

167. 3ᵉ Problème. *Trouver une 4ᵐᵉ proportionnelle à lignes données K, L, M* (fig. 90).

Tirons deux droites indéfinies AB, BO qui fassent entr'elle un angle ABO quelconque. Prenons sur AB les distances BD et BC respectivement égales aux deux premières lignes données K, L et sur la droite BO la distance BE égale à la 3me ligne donnée M. Joignons le 1er point des deux divisions de la droite BA au point E et par le point C menons CF parallèle à DE; la ligne EF sera la ligne demandée, car dans le triangle CBF la ligne DE étant parallèle au côté CF, divise les deux autres côtés en parties proportionnelles, c'est-à-dire qu'on a la proportion BD : DC :: BE : EF, ou K : L :: M : EF. Donc EF est la 4me proportionnelle demandée.

168. 4e PROBLÈME. *Construire une ligne qui soit à une ligne donnée dans un rapport demandé* (fig. 91).

Soit AB la ligne donnée, et supposons que la ligne demandée doive être à la ligne AB comme 5:7. On portera sur une droite indéfinie IH de I en L 7 fois une même longueur arbitraire et on la portera encore 5 fois de L en M. Par le point I, on mènera une droite indéfinie IO faisant avec IH un nombre quelconque et sur laquelle on prendra une distance IR égale à AB; enfin on joindra le point L au point R, et par le point M on mènera une parallèle MS à LR. La droite SR sera la droite demandée.

169. 5e PROBLÈME. *Construire un polygone semblable à un polygone donné.*

On peut construire une infinité de polygones semblables à un polygone donné. En effet, soit ABCDEF (*fig.* 92), un polygone quelconque et soit *ab* une ligne arbitraire. Par le point *a* tirons une droite *af* qui fasse avec *ab* un angle *a* égal à l'angle A, et prenons sur cette droite une longueur *af* qui soit une 4me proportionnelle aux lignes AB, *ab*, AF, c'est-à-dire telle que l'on ait AB : *ab* :: AF : *af*; par le point *f* menons une droite indéfinie qui fasse avec *af* un angle égal à F et prenons sur cette ligne indéfinie une longueur *ef* telle que l'on ait encore la proportion AB : ab :: EF : ef; si, en continuant cette opération de la même manière, on achève le polygone $abcdef$, il est évident que ce polygone sera semblable au polygone proposé; et comme on peut prendre une ligne arbitraire pour côté homologue de AB, on pourra construire autant de polygones que l'on voudra, tous semblables au polygone ABCDEF.

170. **RAPPORT DE SIMILITUDE.** —Pour qu'un polygone semblable à un polygone donné soit déterminé, il faut donc que l'on connaisse au moins un des côtés de ce polygone et que l'on sache quel est le côté du polygone donné dont il doit être l'homologue. Ce polygone serait encore déterminé si l'on connaissait le rapport que doit exister entre chacun de ses côtés, et l'homologue de ce côté dans le polygone proposé. Nous appellerons désormais ce rapport, *rapport de similitude.* Ainsi, au lieu de donner la longueur du côté ab, on pourrait donner seulement le rapport qui doit exister entre chaque côté du polygone ABCDEF et son homologue dans le polygone que l'on doit construire. Si, par exemple, on proposait de construire un polygone semblable à ABCDEF, tel que le rapport de similitude fut $\frac{2}{5}$, on prendrait le côté ab égal aux $\frac{2}{5}$ de AB, le côté af égal aux $\frac{2}{5}$ de AF, etc., et on ferait encore les angles a, b, c respectivement égaux aux angles A, B, C, etc.

Questionnaire. — Qu'appelle-t-on lignes proportionnelles? — Démontrez que ces lignes sont proportionnelles. — Partagez une droite en autant de parties égales qu'on voudra. — Divisez une droite en parties proportionnelles à deux droites données.—Trouvez une 4me proportionnelle à trois lignes données. — Construisez un polygone semblable à un polygone donné.—Qu'appelle-t-on rapport de similitude?

TROISIÈME SECTION.

DE L'ÉCHELLE DE PROPORTION ET SUITE DES PROBLÈMES.

171. Lorsqu'on dessine le plan d'une propriété ou d'un édifice, la figure que l'on construit n'est pas égale, mais semblable à celle dont on a mesuré toutes les parties sur le terrain, c'est-à-dire que tous les angles de ces deux figures doivent être égaux chacun à chacun et leurs côtés proportionnels. Ordinairement le rapport de similitude est déterminé et l'on emploie un moyen facile de faire les côtés du dessin proportionnels à ceux de la figure qu'on a mesurée sur le terrain. Pour cela on mesure les côtés du dessin avec une unité linéaire qui soit dans le rapport de similitude indiqué avec l'unité linéaire dont on s'est servi sur le terrain; de telle manière que les lignes du dessin contiennent cette unité linéaire autant de fois que celle qui leur corespond sur le terrain contient l'unité linéaire avec laquelle on les a mesurées. Si, par exemple, on s'est servi du mètre sur le terrain et que le rapport de similitude fixé pour construire le dessin soit $\frac{1}{100}$, on mesurera les côtés du dessin avec le centimètre qui est 100 fois plus petit que le mètre, de telle manière, que si une ligne sur le terrain contient, par exemple, 47,3 mètres, la ligne qui lui correspondra sur le dessin contiendra 47 centimètres, 3 millimètres.

172. ÉCHELLE DE PROPORTION. — On appelle *échelle de proportion* une figure où l'unité linéaire qui doit servir à mesurer les côtés du dessin, se trouve déterminée avec ses subdivisions.

173. Nous allons indiquer par un exemple comment on construit cette échelle.

Supposons que le rapport de similitude soit $\frac{7}{1000}$ et qu'on ait pris le mètre pour opérer sur le terrain. Il est évident qu'ici l'unité linéaire qui servira à mesurer les lignes du dessin sera les $\frac{7}{1000}$ du mètre ou égale à 7 millimètres. Cela posé, on tirera une droite indéfinie AB (*fig.* 93) sur laquelle on portera dix fois une longueur égale à 7 millimètres de A en C; par les points A et C on élèvera sur AC deux perpendiculaires AD et CE égales chacune à 7 millimètres. En joignant les points D et E on aura une droite DE qui sera évidemment égale à AC, et sur laquelle on pourra, par conséquent, porter 10 fois la ligne qu'on a portée 10 fois sur AC; on joindra ensuite les points de division de la ligne AC aux points de division correspondants de la ligne ED et on tirera la diagonale AE. Les parties des droites *ab*, *cd*, *ef*, etc., comprises entre la diagonale AE et la droite AC seront successivement égales à 1 dixième, 2 dixièmes, 3 dixièmes, etc., de l'unité linéaire A*a*.

174. Supposons, par exemple, que l'on ait à mesurer sur le dessin une ligne qui corresponde à 27 mètres, 9 décimètres. On portera sur la ligne qu'on veut déterminer deux fois la distance AC, plus une fois la distance A*m*, plus une fois la ligne *rs*. La ligne qui en résultera sera évidemment égale à 27 fois l'unité linéaire A*a*, plus les $\frac{9}{10}$ de cette unité, et il est facile de faire voir que la ligne que l'on aura ainsi déterminée sur le dessin, sera dans le rapport de similitude fixé $\frac{7}{1000}$. En effet, soit L la ligne qu'on a mesurée sur le terrain et l la ligne qui lui correspond dans le dessin; on aura $L=27^m,9$ et $l=$ Aa $\times 27,9 = 0^m,007 \times 27,9$. Donc on pourra poser la proportion $L:l::27,9:0,007 \times 27,9$, d'où supprimant le facteur commun aux deux termes du dernier rapport $L:l::1:0,007$, ou enfin en multipliant les deux termes du dernier rapport par 1000, $L:l::1000:7$.

Il existe d'autres échelles de proportion dont nous indiquerons la construction ci-après au *Cours d'Arpentage*.

175. 6ᵉ PROBLÈME. *Construire un triangle semblable à un triangle donné connaissant les trois côtés* (fig. 94).

Ou le rapport de similitude sera fixé ou ce sera la longueur du côté homologue à un des côtés donnés. Supposons d'abord que le rapport de similitude soit donné, on déterminera au moyen du problème 4 du § 168, (ou simplement si cela est plus facile au moyen d'une échelle de proportion), trois lignes *a*, *b*, *c* qui soient aux côtés du triangle proposé dans le rapport indiqué. Puis, au moyen du problème § 146, on construira un triangle qui ait pour côtés les lignes *a*, *b*, *c*. Ce triangle sera le triangle demandé.

176. Supposons maintenant qu'on donne la longueur *a* du côté qui, dans le triangle demandé, doit être l'homologue du côté A. On déterminera deux 4ᵉˢ proportionnelles *b*, *c*, la première aux lignes A, *a* et B, la seconde aux lignes A, *a* et C, ce qu'on fera au moyen du problème § 167. On construira enfin avec les lignes *a*, *b*, *c* un triangle qui sera le triangle demandé.

177. 7ᵉ PROBLÈME. *Construire un triangle semblable à un triangle donné, connaissant un angle A et les deux côtés AB et AC qui le comprennent* (fig. 95).

Il y aura encore deux cas à considérer, suivant qu'on donnera le rapport de similitude ou le côté qui, dans la figure demandée, doit être l'homologue d'un des côtés du triangle proposé. Si le rapport de similitude est donné, on déterminera deux lignes *ab* et *ac* qui soient aux lignes AB et AC en rapport fixé; puis, par le problème 3, § 148, on construira un triangle qui ait un angle égal à l'angle A et compris entre des côtés respectivement égaux à *ab* et *ac*. Si l'on donne la longueur *ab* du côté qui doit être l'homologue de AB, on déterminera une ligne *ac* qui sera une quatrième proportionnelle aux lignes AB, *ab* et AC; ensuite on construira comme ci-dessus un triangle avec les éléments *ab*, *ac* et A.

178. 8ᵉ Problème. *Construire un triangle semblable à un triangle donné ABC* (fig. 96), *connaissant un côté AB et les trois angles.*

Si le rapport de similitude est donné on déterminera une ligne *ab* qui soit à AB dans ce rapport. Ensuite, par le problème 2, § 147, on construira un triangle qui ait un côté égal à *ab* et adjacent à des angles respectivement égaux aux angles A et B.

Si l'on donne la longueur *ab* du côté homologue à AB, il suffira d'appliquer le problème que nous venons de rappeler, c'est-à-dire que, par les extrémités *a* et *b* du côté *b*, on mènera des droites *ab* et *ac* qui feront avec *ab* des angles *a* et *b* respectivement égaux aux angles A et B.

On pourrait ne donner que deux angles du triangle proposé, puisque, lorsqu'on connaît deux angles d'un triangle, on peut facilement déterminer le 3ᵉ (119-1°).

179. Nous avons indiqué précédemment comment on construit un polygone semblable à un polygone donné, lorsqu'on connaît les côtés et les angles. Quelquefois on n'a pas d'instruments pour mesurer les angles d'un polygone; dans ce cas on décompose ce polygone (*fig.* 97) en triangles ABF, FBC, FCE, ECD par des diagonales menées d'une manière quelconque. On mesure les côtés de ces triangles; puis par le problème § 175, on construit des triangles *abf*, *fbc*, *fce*, *ecd* respectivement semblables aux triangles ABF, FBC, etc. et semblablement placés. Le polygone *abcdef*, égal à la somme de tous ces triangles, sera semblable au polygone ABCDEF.

QUESTIONNAIRE. Sur quel principe est fondée l'échelle de proportion ? — Qu'est-ce que l'échelle de proportion ? — Construire une échelle de proportion. — Construire un triangle semblable à un un triangle donné connaissant les trois côtés. — Construire un triangle semblable à un triangle donné connaissant un angle et les deux côtés qui le comprennent. — Construire un triangle semblable à un triangle donné connaissant un côté et les trois angles.

CHAPITRE VII.

DES POLYGONES RÉGULIERS.

PREMIÈRE SECTION.

DÉFINITION ET PROPRIÉTÉS DES POLYGONES RÉGULIERS.

180. POLYGONE RÉGULIER. — On appelle *polygone régulier* un polygone dont tous les côtés sont égaux ainsi que les angles (*fig.* 98).

Ainsi, supposant que dans le polygone ABCDE on ait AB = BC = CD = DE = EA, et A = B = C = D = E, ce polygone sera régulier.

181. Chaque angle d'un polygone régulier dont on connaît le nombre des côtés est facile à déterminer. On calcule pour cela la somme de tous les angles au moyen du théorème § **114**. Puis, comme tous les angles sont égaux, on divise cette somme par le nombre des angles ou le nombre des côtés.

Par exemple, supposons qu'on veuille obtenir la valeur de chaque angle d'un décagone régulier : on multipliera deux droits ou 180° par le nombre des côtés diminué de 2 ou par 8, ce qui donnera 16 droits ou 1440°; et on divisera cette somme par 10 et l'on aura pour la valeur cherchée 1 droit $\frac{3}{5}$ ou 144°.

182. Il résulte de là que si deux polygones semblables sont composés d'un même nombre de côtés, chaque angle de l'un sera égal à chaque angle de l'autre, et comme dans chacun tous les côtés sont égaux entr'eux, si le premier côté du premier est 3 fois plus grand, par exemple que le premier côté du second, il est clair que le deuxième côté du premier sera aussi 3 fois plus grand que le deuxième côté du second, c'est-à-dire que les côtés de ces deux polygones seront proportionnels. On voit par là que *deux polygones réguliers d'un même nombre de côtés sont deux figures semblables* (153).

183. *On peut toujours circonscrire et inscrire un cercle à un polygone régulier quelconque.* Voici la construction qu'il faut employer pour cela.

Soit ABCDE le polygone régulier proposé (*fig.* 99). Sur les milieux de deux côtés consécutifs AB, BC, élevons deux perpendiculaires IO et HO; puis du point O où elles se coupent, comme centre et d'un rayon égal à OA, décrivons une circonférence de cercle; cette circonférence passera par tous les sommets du polygone, et sera par conséquent circonscrite au polygone. Quant à la circonférence inscrite, on l'obtiendra en décrivant du point O comme centre, et d'un rayon égal à OH, une circonférence qui touchera chaque côté en son milieu.

184. Il y a donc dans l'intérieur d'un polygone régulier un point remarquable qui est à la fois le centre du cercle ins-

crit et du cercle circonscrit. Ce point s'appelle *centre du polygone.* Le rayon du cercle circonscrit ou la ligne menée du centre par un des sommets s'appelle *rayon du polygone*, et le rayon du cercle inscrit ou la perpendiculaire abaissée du centre sur un côté quelconque, porte le nom d'*apothème.* L'angle AOB formé par deux rayons consécutifs s'appelle *angle au centre du polygone* et sa valeur s'obtient en divisant quatre droits par le nombre des côtés. Ainsi, dans la figure précédente, chaque angle est égal à $\frac{4}{5}$ d'angle droit.

185. Nous venons d'indiquer la construction qu'il faut employer pour inscrire ou circonscrire un cercle à un polygone régulier ; nous allons maintenant donner le moyen d'*inscrire* ou *circonscrire un polygone régulier à un cercle.*

Soit O le cercle proposé (*fig.* 100). Nous diviserons la circonférence en autant de parties égales que le polygone demandé doit avoir de côtés, et nous joindrons les points de division deux à deux par des cordes **AB**, **BC**, **CD**, etc. Le *polygone régulier inscrit* qui en résultera sera toujours *régulier.*

186. Le *polygone régulier circonscrit* s'obtiendra en menant des tangentes par les points de division. Ces tangentes se couperont deux à deux et le polygone circonscrit qui en résultera sera toujours régulier.

187. On peut aussi mener des tangentes par les milieux des arcs en lesquels la circonférence a été divisée, ce qui formera encore un *polygone régulier circonscrit ;* de plus, ses côtés seront parallèles aux côtés du polygone inscrit, et ces sommets se trouveront sur les prolongements des rayons menés aux sommets du polygone inscrit.

188. On voit, d'après ces principes, que la condition nécessaire et suffisante pour qu'*un polygone inscrit dans un cercle soit régulier*, c'est que ses sommets divisent la circonférence en parties égales; de même pour qu'un *polygone circonscrit à un cercle soit régulier*, il faut et il suffit que les points de tangence divisent la circonférence en parties égales.

Les constructions précédentes supposent que l'on puisse diviser la circonférence en autant de parties égales que le polygone demandé doit avoir de côtés. Or, on n'a pas de construction graphique pour *diviser la circonférence en un nombre quelconque de parties égales* : on ne pourra donc pas toujours inscrire un polygone régulier dans un cercle à moins que par le tâtonnement on ne divise la circonférence en ce nombre de parties égales nécessaire. Cependant la géométrie fournit le moyen de diviser une circonférence en certains nombres de parties égales. Nous allons faire connaître ces différentes constructions.

Questionnaire.— Qu'est-ce qu'un polygone régulier?— Comment détermine-t-on la valeur d'un angle d'un polygone régulier? — Comment circonscrit-on et inscrit-on un cercle à un polygone régulier quelconque?— Qu'appelle-t-on centre du polygone?— ... rayon du polygone? — ..., apothème? — Comment inscrit-on un polygone régulier à un cercle?

DEUXIÈME SECTION.

DIVISION DE LA CIRCONFÉRENCE EN PARTIES ÉGALES.

189. *Diviser une circonférence en 4, 8, 16..... parties égales.*

Pour diviser une circonférence en 4 parties égales, il suffit de mener deux diamètres perpendiculaires entr'eux; les extrémités de ces diamètres diviseront la circonférence en 4 arcs égaux. En divisant ensuite chacun de ces arcs en 2 parties égales au moyen du problème § 97, la circonférence se trouvera divisée en 8 parties égales. En répétant cette opération sur chacune de ces parties on divise la circonférence en 16 parties égales.

190. *Diviser une circonférence en* 3, 6, 12, 24... *parties égales* (fig. 101).

En portant 6 fois le rayon comme corde sur la circonférence on retombe sur le point de départ et la circonférence se trouve divisée en 6 parties égales. Il est facile de démontrer ce fait. Soit AB une corde égale au rayon; si nous joignons les points A et B au centre, nous formerons un triangle équilatéral AOB, puisque chaque côté sera égal au rayon du cercle; mais nous savons que dans tout triangle équilatéral chaque angle est de 60 degrés. L'angle AOB interceptera donc entre ses côtés un angle de 60 degrés et qui sera par conséquent la 6ᵉ partie de la circonférence, car 60 est contenu 6 fois dans 360. On voit donc par là que le rayon porté 6 fois sur la circonférence en sous-tend la 6ᵉ partie; ce qui démontre la proposition.

En prenant les points de division de deux en deux, on divise évidemment la circonférence en trois parties égales. Puis en partageant chaque 6ᵉ de la circonférence en 2, 4, 8 parties égales, on divise la circonférence en 12, 24, 48... parties égales.

191. *Diviser une circonférence en* 5, 10, 20... *parties égales* (fig. 102).

Soit C la circonférence qu'il s'agit de diviser. Menons le diamètre AB et le rayon CD perpendiculaire à ce diamètre. Divisons le rayon CB en deux parties égales au point I. Puis, du point I comme centre et d'un rayon égal à la distance ID, décrivons l'arc de cercle DH; la corde de cet arc de cercle portée sur la circonférence proposée en sous-tendra la 5e partie ce qui résout le problème. Il sera ensuite facile de diviser la circonférence en 10, 20, 40... parties égales par la même construction que ci-dessus.

192. *Diviser une circonférence en* 15, 30, 60... *parties égales* (fig. 103).

Il faut pour cela prendre, à partir d'un même point, successivement deux arcs AB et AC égaux l'un à la 6e partie de la circonférence, et l'autre à la 10e partie. La différence CB des deux arcs sera la 15e partie de la circonférence; car si de $\frac{1}{6}$ on retranche $\frac{1}{10}$ il reste $\frac{1}{15}$.

193. *Diviser une circonférence en* 7, 14, 28... *parties égales* (fig. 104).

Si, par le milieu d'un rayon quelconque, on élève une perpendiculaire jusqu'à la rencontre de la circonférence, cette perpendiculaire portée sur la circonférence en sous-tendra la 7e partie.

194. Voici un moyen approximatif de *diviser une circonférence en autant de parties égales que l'on veut :*

Pour cela il faut diviser le diamètre AB (*fig.* 94) en autant de parties égales qu'il doit y en avoir dans la circonférence (164). Puis, des extrémités du diamètre avec des rayons égaux à ce diamètre, décrire deux arcs de cercle qui se coupent en un point I. En joignant ce point I au second point de division du diamètre, et en prolongeant la droite qui en résulte jusqu'à la circonférence, l'arc AD compris entre cette droite et le diamètre est une des parties en lesquelles on veut diviser la circonférence.

Remarque. Cette construction qui, en général, n'est qu'approximative est exacte lorsqu'il s'agit de diviser la circonférence en 3, 4 ou 6 parties égales.

195. D'après ce que nous avons dit (183), les problèmes précédents fournissent le moyen d'inscrire et de circonscrire à un cercle les polygones de 4, 3, 5, 6, 7, 15 côtés, etc., et par suite ceux de 8, 16, 32, etc., 12, 24, 48, etc., 10, 20, 40, etc.; 14, 28, 56, etc., 30, 60, 120, etc.

Enfin, le dernier problème peut servir à *inscrire* ou *circonscrire un polygone régulier d'un nombre quelconque de côtés*. Seulement la construction indiquée ne divisant pas la circonférence en parties parfaitement égales, il faudra avoir recours au tâtonnement pour obtenir des points de division également éloignés, c'est-à-dire que si la dernière partie de la circonférence se trouve un peu plus petite ou un peu plus grande que toutes les autres, il faudra ensuite porter sur la circonférence un arc un peu plus petit ou un peu plus grand que celui qui a été déterminé par la construction.

196. Pour qu'on puisse *recouvrir exactement un plan avec des polygones réguliers égaux*, il faut évidemment qu'en plaçant un certain nombre d'angles de ces polygones autour d'un même point, on puisse former 4 angles droits. Sans cela, il y aurait un espace angulaire compris entre le premier et le dernier polygone. Ceci résulte de ce que *la somme de tous les angles formés autour d'un même point est égale à 4 angles droits*. On reconnaîtra donc qu'un polygone régulier satisfait ou ne satisfait pas à la condition ci-dessus, lorsque chacun de ses angles sera ou ne sera pas contenu un nombre juste de fois dans 4 angles droits. Le carré, le triangle équilatéral et l'hexagone régulier peuvent recouvrir exactement un plan. En effet, chaque angle d'un carré est un angle droit, chaque angle d'un triangle équilatéral est égal à $\frac{2}{3}$ d'angle droit et chaque angle de l'hexagone régulier est égal à $\frac{4}{3}$ d'angle

droit. Or, 1 est contenu 4 fois dans 4, $\frac{2}{3}$ est contenu 6 foi dans 4, et $\frac{4}{3}$ est contenu 3 fois dans le même nombre. I est facile de voir que ce sont les seuls polygones qui jouissen de cette propriété. Mais en assemblant autour d'un même poin deux angles d'octogones réguliers égaux et un angle d'u carré ayant même côté que les octogones, on peut couvri exactement un plan. En effet, puisque chaque angle d'u octogone est égal à 1 $\frac{1}{2}$ droit, il est évident que *la somm des angles assemblés autour d'un même point est égale à angles droits.*

QUESTIONNAIRE. — Comment divise-t-on une circonférence e 4, 8, 16.... parties égales?— .... en 3, 6, 12, 24.... parties égales —.... en 5, 10, 20.... parties égales?—.... en 15, 30, 60.... partie égales? — .... en 7, 14, 28.... parties égales ? — Comment inscrit-o et circonscrit-on les polygones à un cercle? — Quel procédé em ploie-t-on pour diviser la circonférence en un nombre quelconqu de parties égales ? — Quelle est la condition nécessaire pour recou vrir exactement un plan avec des polygones réguliers égaux ?

CHAPITRE VIII.

DE LA MESURE DES SURFACES ET DE LEUR RAPPORT.

PREMIÈRE SECTION.

PRINCIPES GÉNÉRAUX SUR LA MESURE DES SURFACES ET MESURE DU RECTANGLE ET DU CARRÉ.

197. **MESURER UNE SURFACE**, *c'est chercher combien de fois cette surface en contient une autre que l'on pren pour* UNITÉ DE MESURE.

Si, par exemple, on trouvait que le cercle C (*fig.* 95) contînt 4 fois le cercle *c*, on aurait mesuré la première surface au moyen de la seconde, et on dirait que le cercle C est égal à 4 unités, en prenant le cercle *c* pour unité superficielle.

198. On pourrait prendre une surface quelconque pour unité de mesure : par exemple, un triangle, un cercle, un losange, etc., mais on a choisi de préférence une surface avec laquelle on puisse recouvrir exactement une portion de plan, en la portant plusieurs fois sur cette portion de plan, car par là il devient plus facile de comparer la surface que l'on considère avec l'unité superficielle; et, comme de tous les polygones réguliers avec lesquels on peut recouvrir exactement une portion de plan, le carré est le plus simple et le plus facile à construire, *on prend toujours un carré pour unité superficielle.* De plus, comme pour mesurer une figure, on est toujours obligé de mesurer certaines lignes tracées sur ces figures, le carré qu'on prend pour unité de surface est celui dont chaque côté est égal à l'unité linéaire qui sert à mesurer les lignes que l'on considère dans la figure proposée.

D'après cette convention, *lorsqu'on dit qu'une surface a pour mesure le produit de telles ou telles lignes, il faut toujours entendre qu'on a évalué ces lignes en nombres au moyen d'une unité linéaire; que ce sont ces nombres qu'on a multipliés les uns par les autres, et qu'autant il y a d'unités dans le produit, autant la surface proposée contient de fois le carré dont chaque côté est égal à l'unité linéaire.*

199. Nous aurons souvent à considérer des calculs qu'on est obligé d'effectuer sur certaines lignes. Comme la multiplication d'une ligne par une autre n'offre aucun sens, il faudra toujours entendre, comme dans la question précédente, que les lignes proposées ont été évaluées en nombres, et que

ce sont ces nombres et non les lignes elles-mêmes que l'on fait entrer dans le calcul. Aussi les résultats de ces calculs pourront-ils varier avec l'unité linéaire que l'on choisira. Rendons ces principes plus clairs par un exemple :

200. On considère souvent, en géométrie, le carré d'une ligne. On entend par là non pas le carré construit sur cette ligne, mais le carré du nombre qui représente cette ligne. Ainsi, si l'on veut avoir le carré de la ligne AB (*fig.* 96), il faudra évaluer cette ligne en nombre au moyen d'une unité linéaire, au moyen du mètre, par exemple ; et, si elle contient, je suppose, 6 mètres, le carré de la ligne AB sera le nombre $6^2 = 6 \times 6 = 36$, et ce nombre sera généralement abstrait, à moins qu'il ne doive représenter une surface ; dans ce cas il exprimerait 36 mètres carrés.

201. Mais si l'on avait pris pour unité linéaire le décimètre, le nombre qui aurait représenté la ligne AB aurait été 60 et le carré de cette ligne aurait été $60 \times 60 = 3600$, ce qui fait voir, comme nous l'avons observé, que la valeur du résultat d'un calcul où l'on doit faire entrer des lignes, dépend de l'unité linéaire qui a servi à mesurer ces lignes. Remarquons en outre que si le carré de la ligne AB devait représenter une surface, le nombre 3600 ne serait pas abstrait, mais il exprimerait des décimètres carrés et non plus des mètres carrés, puisque, d'après la convention que nous avons établie, *le carré qui sert à mesurer une surface doit toujours avoir pour côté l'unité linéaire qui a servi à mesurer les lignes que l'on considère sur la surface.*

202. **MESURE DU RECTANGLE.** — *Tout rectangle a pour mesure le produit de sa base par sa hauteur.*

Supposons, par exemple, que la base AB du rectangle ABCD (*fig.* 97) soit de 7 mètres et la hauteur AD de 3 mètres. Or multipliera 3 par 7 et le produit 21 sera la mesure du rectangle, c'est-à-dire qu'en vertu de la convention établie plus haut, ce rectangle est égal à 21 fois le carré qui a pour côté l'unité linéaire ou contient 21 mètres carrés.

Si l'on eût pris, par exemple, le décimètre pour mesurer les côtés, on aurait trouvé 70 décimètres dans la base et 30 décimètres dans la hauteur et la surface aurait eu pour mesure $30 \times 70 = 2100$ nombre beaucoup plus grand que 21, comme on le voit; mais au lieu d'exprimer des mètres carrés, ce nombre aurait exprimé des décimètres carrés. Il faut donc que 21 mètres carrés et 2100 décimètres carrés soient deux quantités égales, ou que le décimètre carré soit 100 fois plus petit que le mètre carré, puisque 2100 est 100 fois plus grand que 21. Or, c'est ce que nous ferons voir plus loin.

203. **CARRÉ.** — Comme le carré est aussi un rectangle, il aura encore pour mesure le produit de sa base par sa hauteur. Seulement, comme la hauteur et la base sont égales, le produit de ces deux lignes n'est autre chose que le carré de chacune d'elles, c'est-à-dire qu'*un carré a pour mesure le carré d'un de ses côtés.*

204. On peut donner une démonstration très simple de la mesure du rectangle. Pour cela, reprenons le rectangle ABCD, et supposons la base et la hauteur divisées l'une en 7 parties égales et l'autre en 3; ces parties seront évidemment toutes égales à un mètre, puisque la base est supposée de 7 mètres et la hauteur de 3 mètres. Cela posé, par les points de division de la base, élevons des perpendiculaires à cette base. Nous diviserons par là le rectangle en 7 bandes rectangulaires ayant 1 mètre de largeur et 3 mètres de hauteur. Si, par les différents points de division de la hauteur nous menons des parallèles à la base, nous diviserons évidemment chacune des bandes rectangulaires ci-dessus

en 3 parties égales chacune à 1 mètre carré. Donc, puisqu'il y a 7 bandes, le rectangle proposé se trouvera divisé en $3 \times 7 = 21$ mètres carrés.

205. *Remarque.* Lorsque les nombres qu'on a multipliés l'un par l'autre contiennent des fractions décimales, leur produit en contient généralement aussi ; alors la surface proposée se trouve exprimée en mètres carrés et en dixièmes, centièmes, millièmes de mètre carré. Il arrive souvent que les élèves croient que, lorsqu'il y a des fractions décimales dans le nombre qui représente une surface, les dixièmes expriment des décimètres carrés, les centièmes des centimètres carrés, etc. Leur erreur vient de ce qu'ils regardent le décimètre carré comme la dixième partie du mètre carré, le centimètre carré comme la centième partie du mètre carré, etc. Or, il n'en est pas ainsi. Il est de la plus grande importance de rectifier cette erreur.

Soit en effet ABCD (*fig.* 98) un mètre carré, et divisons la base et la hauteur, chacune en 10 parties égales qui seront des décimètres. En menant par les points de division de la base et de la hauteur des perpendiculaires à ces lignes, il est facile de voir, comme dans la démonstration précédente que le carré se trouvera divisé en 100 parties égales; or chacune de ces parties égales sera un décimètre carré. On voit donc par là qu'*un décimètre carré est la* 100e *partie du mètre carré* et non la 10e partie. Un dixième de mètre carré est un rectangle tel que AEFD qui a un mètre de long sur un décimètre de large. On verrait par un raisonnement semblable que le centimètre carré est $\frac{1}{10000}$ de mètre carré, un millimètre carré $\frac{1}{1000000}$ de mètre carré. On trouvera d'ailleurs les dénominateurs de ces fractions en élevant au carré les nombres 100, 1000, etc.

Supposons, par exemple, qu'on ait à évaluer la surface d'un

rectangle dont la base soit de 2,7 mètres, et la hauteur de 1,85 mètres : on aura pour la surface cherchée $2,7 \times 1,85 = 4,995$ mètres carrés qu'il faudra prononcer : 4 *mètres carrés 995 millièmes de mètre carré* et non pas 4 mètres carrés 995 millimètres carrés.

206. Il est très facile de décomposer une fraction décimale de mètre carré en décimètres, centimètres, millimètres carrés, etc. Il suffit pour cela de se rappeler qu'un décimètre carré est la centième partie du mètre carré, qu'un centimètre carré en est la dix-millième partie, etc. D'après cela les centièmes exprimeront des décimètres carrés, les dix-millièmes des centimètres carrés et les millionièmes des millimètres carrés. On décomposera donc la partie décimale en tranches de deux chiffres à partir de la virgule : la première tranche exprimera des décimètres carrés, la 2e des centimètres carrés, etc. Soit, par exemple, le nombre 45,7835963 mètres carrés. On pourra lire ou 45 mètres carrés, sept millions huit cent trente-cinq mille neuf cent soixante-trois dix millionièmes de mètre carré, ou 45 mètres carrés, 78 décimètres carrés, 35 centimètres carrés, 96 millimètres carrés + 0,3 de millimètre carré. On voit que lorsque le nombre des chiffres décimaux est impair, on peut considérer le dernier chiffre comme exprimant des dixièmes du sous-multiple du mètre carré, exprimé par la tranche précédente. On peut aussi dans ce cas écrire un 0 à la droite de la fraction décimale, ce qui rend pair le nombre de chiffres décimaux. Exemple : 8,475 mètres carrés : on pourra lire ou 8 mètres carrés 47 décimètres carrés + 0,5 de décimètre carré, ou écrivant un 0 à la droite de la fraction décimale ($8^{m}, 4750$) 8 mètres carrés 47 décimètres carrés 50 centimètres carrés.

QUESTIONNAIRE. Qu'est-ce que mesurer une surface ? — Quelle est la mesure du carré ? — ..... du rectangle ?

DEUXIÈME SECTION.

SUITE DE LA MESURE DES SURFACES.

207. **PARALLÉLOGRAMME.** — *Un parallélogramme ABCD* (fig. 99) *a pour mesure le produit de sa base AB par sa hauteur BE.*

208. **TRIANGLE.** — *Un triangle ABC ou DEF* (fig. 100) *a pour mesure le produit de sa base AB ou DE multiplié par la moitié de la hauteur CH ou FI.* On peut aussi multiplier la hauteur par la moitié de la base.

Il est facile de concevoir la raison de cette mesure. En effet toute diagonale d'un parallélogramme divise cette figure en deux triangles égaux ; d'où résulte qu'un triangle est la moitié d'un parallélogramme ayant même base et même hauteur ; il doit dès lors avoir pour mesure la moitié du nombre qui sert de mesure au parallélogramme ; c'est pourquoi au lieu de multiplier la base par la hauteur, on la multiplie par la moitié de la hauteur, ce qui donne évidemment un produit 2 fois plus petit qu'en multipliant par la hauteur tout entière.

209. **TRAPÈZE.** — *Un trapèze ABDC* (fig. 101) *a pour mesure la demi-somme de ses bases parallèles multipliée par la hauteur, ou la hauteur multipliée par la ligne qui joint les milieux des deux côtés non parallèles AC, DB,* puisque nous avons dit que cette ligne est égale à la demi-somme des bases parallèles (144).

Pour fixer des idées, supposons AB de 12 mètres, CD de 7 mètres, et la hauteur EC de 5 mètres. On ajoutera 12 avec 7, ce qui donnera 19 ; on prendra la moitié de cette somme et l'on multipliera le quotient $9^m,5$ par 5. Le produit $47^m,5$ sera la mesure du trapèze, c'est-à-dire que sa surface sera de

47, 5 mètres carrés. En prenant les milieux I et H des côtés non parallèles et en mesurant la distance IH de ces deux points on la trouverait égale à 9, 5 mètres et en multipliant ce nombre par 5 on aurait encore la surface du trapèze.

210. **POLYGONE QUELCONQUE.** — *Pour évaluer la surface d'un polygone quelconque, il faut le décomposer par des lignes droites en figure que l'on sache mesurer*, par exemple, *en triangles, rectangles*, etc. Cette décomposition peut se faire d'une infinité de manières différentes et est tout-à-fait arbitraire; cependant il y a deux décompositions qui sont plus commodes et plus usitées que toutes les autres. Par l'une on divise le polygone en triangles par des lignes menées d'un même sommet à tous les autres; puis, après avoir tracé les hauteurs de tous ces triangles, on évalue chacun d'eux d'après la règle indiquée plus haut, et l'on additionne tous les résultats. Par l'autre décomposition, on divise le polygone en trapèzes et en triangles rectangles, en traçant une droite quelconque dans l'intérieur du polygone et en abaissant de tous les sommets du polygone des perpendiculaires sur cette droite. Ces perpendiculaires sont les bases parallèles des trapèzes que l'on mesure ainsi que les triangles rectangles, d'après la règle que nous avons indiquée et dont on additionne encore les surfaces. La figure 102 représente chacune de ces deux décompositions.

211. **POLYGONES RÉGULIERS.** — *La surface d'un polygone régulier s'obtient en multipliant le périmètre par la moitié de l'apothême.* La raison de cette mesure est facile à concevoir.

En effet, si l'on mène tous les rayons et tous les apothêmes du polygone, il se trouvera décomposé en autant de triangles qu'il y a de côtés et en prenant pour bases les côtés du polygone, chacun de ces triangles aura l'apothême pour hauteur. Chacun de ces triangles aura donc pour mesure un des côtés du polygone multiplié par l'apothème; et dès lors la somme de tous ces triangles ou la surface du polygone sera égale à la somme des bases des triangles ou le périmètre du polygone multiplié par la moitié de la hauteur commune qui est l'apothème, car on sait que lorsqu'on a additionné plusieurs produits tels que 5×7, 5×8, 5×11, etc., il faut faire la somme $7 + 8 + 11 = 26$ des facteurs inégaux et multiplier cette somme par le facteur commun, ce qui donnerait ici $26 \times 5 = 130$.

212. Lorsqu'un polygone régulier, inscrit dans un cercle, a un grand nombre de côtés, 30 par exemple, sa surface diffère très peu du cercle, son périmètre diffère très peu aussi de la circonférence, et la différence entre l'apothème et le rayon du cercle est aussi une quantité très petite. De plus, en donnant au polygone un nombre de côtés assez grand, on peut faire en sorte que les éléments du polygone diffèrent aussi peu que l'on voudra de ceux du cercle. Par exemple, si l'on inscrivait un polygone régulier d'un billion de côtés dans un cercle même très grand, comme un cercle d'une lieue de rayon aucun instrument ne pourrait faire apercevoir de différence entre le polygone et le cercle. *On peut* donc d'après ces principes *considérer le cercle comme un polygone régulier d'un nombre infini de côtés qui a pour périmètre sa circonférence et pour apothème son rayon.*

213. **MESURE DU CERCLE.** — Il est évident dès lors que *la surface d'un cercle a pour mesure la circonférence multipliée par la moitié du rayon.*

On représente ordinairement par π (qu'on prononce *pi*) le rapport de la circonférence au diamètre. D'après cela si l'on représente par R le rayon d'un cercle, et par suite, par $2 \times R$ le diamètre, la circonférence qui est égale, comme nous savons, au diamètre tiplié par le rapport de la circonférence au diamètre, se représentera par $\pi \times 2 \times R$. La surface du cercle aura donc pour expression $\pi \times 2 \times R \times \frac{R}{2} = \frac{\pi \times 2 \times R^2}{2} = \pi \times R^2$. D'où l'on voit que *pour avoir la surface du cercle l'on peut encore multiplier le carré du rayon par le rapport de la circonférence au diamètre.*

Comme exemple, supposons qu'on ait à évaluer la surface d'un cercle de 6 mètres de rayon. En suivant la première règle, on multipliera 6 par 2, pour avoir le diamètre, puis le produit obtenu 12 par 3,1415 pour avoir la circonférence qu'on trouvera égale à 37,698 mètres, après quoi on multipliera ce résultat par la moitié du rayon ou 3, et on aura pour la surface du cercle 113, 094 mètres carrés. En suivant la seconde règle on élèvera 6 au carré, ce qui donnera 36; puis on multipliera 36 par 3,1415, ce qui donnera encore 113,094 mètres carrés. Il est facile de voir que ce second procédé est plus élégant et plus expéditif que le premier.

214. **SECTEUR.** — Pour évaluer la surface d'un secteur, il faut commencer par évaluer la surface du cercle et établir cette proportion : *La surface du cercle est à la surface du secteur, comme* 360° *est à l'angle du secteur*, c'est-à-dire que si l'on représente par S la surface du secteur et que l'angle du secteur soit, par exemple, de 30°, on posera la proportion :

$$\pi R^2 : S :: 360 : 30$$

d'où l'on tire d'après les règles de l'arithmétique

$$S = \frac{\pi R^2 \times 30}{360}$$

215. **SEGMENT.** — Pour trouver la mesure d'un segment, tel que ACH (*fig.* 103), il suffit d'observer que ce segment est la différence entre le secteur AOCH et le triangle AOC. On mesurera donc le secteur d'après la règle que nous

venons d'indiquer, puis le triangle en multipliant la corde par la moitié de la perpendiculaire OM abaissée du centre sur cette corde; puis on retranchera la surface du triangle de la surface du secteur.

216. *Remarque.* Cette règle suppose qu'on puisse mesurer sur la figure même la corde du segment et la perpendiculaire abaissée du centre sur cette corde, car il n'existe aucun moyen de calculer cette corde au moyen de l'angle du secteur seulement, à moins de se servir des tables trigonométriques. Cependant pour certaines valeurs de l'angle du secteur on peut, par les principes seuls de la Géométrie élémentaire, calculer cette corde et cette perpendiculaire. Par exemple, si l'angle du secteur était de 60°, la corde serait égale au rayon, comme on le sait déjà et la perpendiculaire abaissée du centre sur la corde serait égale à la moitié du rayon multipliée par la racine carrée de 3.

QUESTIONNAIRE. Quelle est la mesure du parallélogramme? — ..... du triangle? — ..... du trapèze? — Comment trouve-t-on la mesure d'un polygone quelconque? — ..... d'un polygone régulier? — Comment obtient-on la mesure du cercle? — ..... du secteur? — ..... du segment?

TROISIÈME SECTION.

DU RAPPORT DES SURFACES.

THÉORÈME 1.

217. *Deux figures semblables sont entr'elles comme les carrés de leurs côtés homologues*, c'est-à-dire que si l'on a deux figures semblables et que les côtés de l'une soient 2, 3, 4... fois plus grands que les côtés correspondants de l'autre, la première ne sera pas 2, 3, 4... fois plus grande que la s

conde, comme on serait tenté de le croire, mais 4 fois, 9 fois, 16 fois plus grande (4, 9, 16 étant, comme on le voit, les carrés de 2, 3, 4). En général, soient ABCDEF et *abcdef* (*fig.* 104) deux polygones semblables. Pour avoir le rapport qui existe entre ces deux polygones, il faudra évaluer en nombre deux côtés homologues, tels que AB et *ab* au moyen d'une unité linéaire, élever ces deux nombres au carré et diviser les carrés l'un par l'autre, le quotient qu'on obtient est le rapport qui existe entre les deux surfaces. Supposons, par exemple, que AB soit égal à 5 mètres et *ab* à 3 mètres; on élèvera 5 au carré, ce qui donnera 25; on élèvera également 3 au carré, ce qui donnera 9, et l'on divisera 25 par 9, ce qui donnera $2\frac{7}{9}$. On conclura de là que le polygone ABCDEF est égal à $2\frac{7}{9}$ fois le polygone *abcdef*.

218. *Deux carrés étant toujours deux figures semblables sont entr'eux comme les carrés de leurs côtés.* Par exemple, un carré dont chaque côté a 2, 3, 4... mètres est 4, 9, 16... fois plus grand qu'un carré dont chaque côté a 1 mètre : c'est ce qui fait qu'un mètre carré ne contient pas seulement 10 décimètres carrés, mais 100. En effet, si l'on veut trouver le rapport qui existe entre un mètre carré et un décimètre carré, il faudra, d'après le théorème précédent, élever 1 et 10 au carré, puisque le côté du décimètre carré est de 1 décimètre et le côté du mètre carré est de 10 décimètres. Or, le carré de 1 étant 1 et le carré de 10 étant 100, le mètre carré contient 100 fois le décimètre carré.

THÉORÈME 2.

219. *Les surfaces de deux cercles sont entr'elles comme les carrés de leurs rayons.* Cette proposition n'est qu'un cas particulier du théorème précédent, car deux cercles peuvent

être considérés comme deux polygones semblables d'un nomb infini de côtés. Comme application, supposons qu'on ait de cercles dont l'un ait pour rayon 6 mètres et l'autre 4 mètr Comme $\frac{6^2}{4^2} = \frac{36}{16} = 2\frac{1}{4}$ on conclura que le premier cer est égal à $2\frac{1}{4}$ fois le second.

THÉORÈME 3.

220. *Le carré ACDE* (fig. 105) *construit sur l'hyp ténuse AC d'un triangle rectangle ABC est égal à la som des carrés ABIH et CBFG construits sur les deux côt AB et CB qui comprennent l'angle droit.*

221. CONSÉQUENCES : Ce beau théorème dû à Pythagor est d'une application presque continuelle en géométrie, par qu'il fournit le moyen de déterminer un quelconque des tr côtés d'un triangle rectangle quand on connaît les de autres.

En effet, si l'on évalue en nombre les trois côtés triangle ABC, la surface du carré ACDE s'obtiendra en é vant au carré le nombre de fois que AC contient l'unité néaire; en sorte qu'on pourra poser $ACDE = AC^2$. aura de même $ABIH = AB^2$ et $CBGF = BC^2$. Donc, puisq $ACDE = ABIH + BCFG$, on pourra aussi écrire A $= AB^2 + BC^2$. Il faut bien faire attention que dans ce dernière égalité AC^2 ne représente pas le carré construit s AC, mais le carré du nombre de fois que AC contient l'uni linéaire. La même remarque s'applique aux expressions A et BC^2.

Cela posé, comme le carré de AC est égal à $AB^2 + BC$ il est évident que AC sera égal à la racine carrée de $AB^2 + BC$ et qu'on pourra écrire $AC = \sqrt{AB^2 + BC^2}$, c'est-à-dire q *our avoir l'hypoténuse d'un triangle rectangle dont on onnaît les deux autres côtés, il faut élever chacun de ces ôtés au carré, additionner ces carrés et extraire la racine arrée de leur somme.*

Si l'on connaissait l'hypoténuse ainsi qu'un côté de l'angle droit et qu'on voulût déterminer le troisième côté, il faudrait retrancher le carré du côté connu du carré de l'hypoténuse et extraire la racine carrée de la différence, ce qu'on peut exprimer par les égalités suivantes $BC = \sqrt{AC^2 - AB^2}$; $AB = \sqrt{AC^2 - BC^2}$.

Supposons, par exemple, qu'on demande l'hypoténuse d'un triangle rectangle dans lequel les côtés de l'angle droit sont l'un de 8 et l'autre de 6 mètres. Après avoir élevé au carré 8 et 6, on additionnera les résultats obtenus 64 et 36, ce qui donnera 100, et en extrayant la racine carrée de 100 on aura 10 pour l'hypoténuse.

Supposons ensuite qu'on donne l'hypoténuse du même triangle avec le côté égal à 6 mètres, et qu'on demande l'autre côté. De 100 ou du carré de 10, on retranchera 36 ou le carré de 6, ce qui donnera 64 pour reste. En extrayant la racine carrée de ce nombre, on aura 8 pour l'autre côté.

QUESTIONNAIRE. Enoncez les théorèmes sur les figures semblables. — ..... sur les surfaces de deux cercles. — ..... du carré construit sur l'hypoténuse d'un triangle rectangle. — Construisez les figures ci-dessus.

CHAPITRE IX.

DES LIGNES COURBES LES PLUS USITÉES.

PREMIÈRE SECTION.

DE L'ELLIPSE.

222. TANGENTE A UNE COURBE. — La *tangent* *une courbe* quelconque AB est une droite MD (*fig.* 106) q rencontre cette courbe en un point M, et en un autre in niment rapproché. Pour concevoir cette définition, il faut représenter que la droite proposée passait d'abord par le po M et par un autre point voisin N, et que cette droite a tour autour du point M jusqu'à ce que le point N se confonde av le point M. La droite est alors tangente à la courbe.

On ne pourrait pas définir une tangente à une courbe qu conque, une droite qui n'a qu'un point de commun avec ell car il peut se faire que la tangente en un point rencontre courbe en d'autres points où elle peut être encore tange ou sécante. Ainsi dans l'exemple que nous avons choisi, tangente MD au point M coupe en même temps la courbe point B et lui est une seconde fois tangente au point C.

223. NORMALE A UNE COURBE. — On appelle *norm* *à une courbe* en un point M, la perpendiculaire MP mer sur la tangente en ce point (*fig.* 106).

224. **ELLIPSE.** — On appelle ellipse une ligne courbe **ACBD** (*fig.* 107), telle que la somme des distances de chacun de ses points à deux points fixes **FF'** est égale à une quantité constante. Ainsi soient **M** et **N** deux points quelconques pris sur la courbe, on aura toujours **FM** + **MF'** = **FN** × **NF'** = 7 mètres, par exemple. Les points **F**, **F'** s'appellent *foyers* et les distances **FM MF'** des foyers à un point quelconque de la courbe s'appellent *rayons vecteurs*. La droite qui passe par les foyers et se termine de part et d'autre à la circonférence de l'ellipse se nomme le *grand axe*, et la perpendiculaire **CD** élevée sur le milieu de l'axe et terminée à la circonférence, s'appelle *petit axe*. Enfin, le point d'intersection **O** des deux diamètres s'appelle *centre de l'ellipse* et la distance **FF'** des deux foyers se nomme *excentricité*.

Il est évident que la somme des rayons vecteurs menés à un même point de l'ellipse est égale au grand axe, c'est-à-dire que, par exemple, **F'M** + **FM** = **AB**. En effet, les rayons vecteurs du point **B** sont **FB** et **F'B**, donc d'après la définition de l'ellipse **FM** + **F'M** = **FB** + **F'B**; mais **FB** + **F'B** = **FF'** + **FB** + **FB** d'où remplaçant une des deux quantités **FB** par **F'A** qui lui est égale, **FM** + **F'M** = **FF'** + **F'B** + **F'A** = **AB**.

225. La ligne **FD** qui joint un des foyers à une des extrémités du petit axe est égale à la moitié du grand axe. Ainsi **FD** = **OB**.

Il résulte de là un moyen facile de trouver les foyers quand on connaît le grand axe et le petit axe. En effet, si les points **F** et **F'** n'étaient pas connus, on décrirait, du point **D** comme centre et d'un rayon égal à **OB**, un arc de cercle qui couperait **AB** en deux points qui seraient **F** et **F'**.

226. TRACÉ DE L'ELLIPSE. — *Tracer une ellip connaissant les longueurs des deux axes.*

1re *construction par points* (fig. 107). — Soient P et les longueurs des deux axes : tirez AB égal à P, sur le milieu AB élevez une perpendiculaire, au-dessus et au-dessous point O prenez des quantités OD et OC égales chacune à la moi de Q ; les lignes AB et CD seront les deux axes de l'ellip Quant aux foyers on les déterminera, comme il a été dit dessus, en décrivant du point C comme centre et d'un ray égal à OB un arc de cercle qui coupera AB en deux poi F et F'. Il ne s'agira plus que de déterminer successivem plusieurs points de l'ellipse. Pour cela, partagez le gra axe AB en deux parties quelconques AI et DI, et décriv des points F et F' comme centres, avec des rayons respecti ment égaux à IA et IB, deux arcs de cercle qui se couperc en deux points M et N. Divisez ensuite le grand axe AB deux autres parties AI' et BI', et décrivez encore des poi F'F' comme centres et avec des rayons respectivement éga à IA' et I'B deux autres arcs de cercle qui se couperc aux points M' et N', et continuez ces constructions. Tous points M, N, M', N', etc., qu'on déterminera par ce moyen a partiendront à l'ellipse demandée, et s'ils sont assez rapproch on obtiendra très approximativement cette ellipse en faisa passer par tous ces points une courbe que l'on tracera soit la main, soit par partie, au moyen d'une règle flexible qu'o fera passer par quelques-uns de ces points.

2e *construction.* — Quand on a à tracer une ellipse s le terrain, on peut la décrire d'un mouvement continu. Po cela, on plante des piquets aux deux foyers, et on pas autour de ces deux piquets une ficelle dont les deux extr mités ont été nouées et dont la longueur totale est égale a grand axe plus l'excentricité. Si alors on tend le cordeau avec une pointe, et si l'on promène cette pointe sur le terrain tout autour des deux piquets, on tracera une ellipse. Ceci résulte de ce que la somme des deux parties de la ficelle qui partent de la pointe mobile et aboutissent aux deux piquets est égale au grand axe.

THÉORÈME 2.

227. Si par un point **M** quelconque pris sur l'ellipse on mène une tangente **AB**, cette tangente fera des angles égaux avec les rayons vecteurs **FM**, **F'M**, c'est-à-dire que l'angle **F'MA** sera égal à l'angle **FMA** (*fig.* 108).

Cette propriété explique un phénomène curieux qu'on observe dans une salle ayant la forme elliptique et qui consiste en ce que si l'on parle très bas à l'un des deux foyers, ce que l'on dit est très distinctement entendu à l'autre foyer et ne peut l'être en aucun autre point de la salle. Ce phénomène résulte de ce que les sons qui viennent frapper une surface courbe se réfléchissent en faisant avec la tangente l'angle de réflexion égal à l'angle d'incidence.

THÉORÈME 3.

228. Si l'on joint le point de tangence **M** au centre de l'ellipse, la droite **MO** fera généralement des angles inégaux avec la tangente; en sorte que si au point **M** on élève une perpendiculaire sur la tangente pour avoir la normale en ce point, cette normale ne passera pas par le centre de l'ellipse. Mais il y a dans l'ellipse quatre points ou la normale passe par le centre de l'ellipse; ces quatre points sont les extrémités **A**, **B**, **C**, **D** des deux axes. Dès lors, pour mener des tangentes en ces points, il suffira d'élever des perpendiculaires sur les

6

axes. Ainsi, par exemple, BT perpendiculaire à OB est tangente à l'ellipse au point B.

229. 1er PROBLÈME. *Mener une tangente à l'ellipse* (fig. 108) *par un point M pris sur l'ellipse.* Joignez le point M au point F', et au point F prolongez F'M d'une quantité ME égale à MF, joignez le point E au point F et faites passer une droite par le point M et par le milieu I de la droite FE, cette droite MI sera la tangente demandée.

230. 2e PROBLÈME. *Mener une tangente à l'ellipse par un point K pris en dehors de l'ellipse* (fig. 109).

Joignez le point K au point F, décrivez du point K comme centre et d'un rayon égal à KF une circonférence de cercle; décrivez du point F' comme centre et d'un rayon égal au grand axe une autre circonférence de cercle qui coupera la première en un point H, joignez le point F' au point H par une droite F'H qui coupera l'ellipse en un point M qui sera le point de tangence cherché, c'est-à-dire que si l'on joint le point M au point K, la droite MK sera la tangente demandée.

231. **MESURE DE LA SURFACE DE L'ELLIPSE.** — La *surface de l'ellipse* s'obtient en multipliant les deux demi-axes l'un par l'autre et en multipliant encore le produit par le rapport de la circonférence au diamètre, c'est-à-dire par 3,1415. Ainsi la surface de l'ellipse O (*fig.* 110) est égale à $\pi \times OA \times OD$.

Supposons, par exemple, que le grand axe AB soit de 12 mètres et le petit axe CD de 8 mètres. On trouvera pour la surface de l'ellipse $6 \times 4 \times 3,1415 = 77,3960$ mètres carrés.

QUESTIONNAIRE. Qu'appelle-t-on tangente à une courbe? — ..... normale à une courbe? — ..... ellipse? — foyers, rayons vecteurs, grand axe, petit axe, centre de l'ellipse? — Tracez une ellipse? — Énoncez les théorèmes sur l'ellipse? — Comment obtient-on la surface de l'ellipse?

DEUXIÈME SECTION.

DE L'HYPERBOLE ET DE LA PARABOLE.

232. HYPERBOLE. — *L'hyperbole* est une courbe composée de deux branches infinies MBN et M'AN' (*fig.* 111) et telle que la différence des distances F'M, FM de chacun de ces points à deux points fixes F et F' est égale à une quantité constante, c'est-à-dire que si l'on prend deux points quelconques M et P sur la courbe on aura toujours F'M — FM = F'P — FP. Les deux points F', F s'appellent *foyers* et la droite XY qui passe par les foyers s'appelle *l'axe de la courbe*; la portion AB de cette droite comprise entre les deux branches de courbe s'appellent *longueur de l'axe* et est égale à la différence constante qui existe entre les distances d'un même point de la courbe aux deux foyers; enfin le milieu O de l'axe AB se nomme *le centre de l'hyperbole*, et les droites F'M, FM, menées d'un même point de la courbe aux foyers s'appellent *rayons vecteurs*.

233. TRACÉ DE L'HYPERBOLE. — Prenez à partir du point B une distance arbitraire BH et décrivez du point F comme centre un arc de cercle d'un rayon égal à cette distance. Décrivez ensuite du point F' comme centre et d'un rayon égal à AH un autre arc de cercle qui coupera le premier en deux points M', N' : les points M', N' appartiendront à l'hyperbole demandée. En répétant cette opération avec d'autres distances BH', BH'', etc., on obtiendra autant de points de la courbe que l'on voudra, et en faisant passer une courbe par ces points, cette courbe sera sensiblement une hyperbole.

234. PARABOLE. — La *parabole* est une courbe infinie AN (*fig.* 112) dont chaque point est également éloigné d'un

point fixe M et d'une droite fixe IH, c'est-à-dire que d'un point quelconque M de la courbe on abaisse une per pendiculaire MI sur la droite IH, cette perpendiculaire sei égale à la distance MF. Le point fixe F s'appelle *foyer*, et l droite fixe IH se nomme *directrice*. La ligne BO qui passe pa le foyer et qui est perpendiculaire à la directrice s'appelle l'*ax* de la parabole, et le point A où l'axe rencontre la courbe s nomme le *sommet*.

Les deux parties AM et AN se prolongent à l'infini et s'é cartent indéfiniment de l'axe BO. Il résulte de la définitio même de la parabole que le sommet A est également éloigné d foyer et de la directrice.

235. CONSTRUCTION DE LA PARABOLE PAI POINTS. — Par un point C quelconque pris sur l'axe éleve une perpendiculaire à cet axe (*fig.* 113), et du point F comm centre avec un rayon égal à CB décrivez un arc de cercle qui cou pera la perpendiculaire en un point P, ce point appartiendra à l parabole, car il est évident que la distance CP sera égale à l distance PL. En prenant un autre point C' sur l'axe et en répé tant la même construction on obtiendra un second point P' d la parabole. On obtiendra donc autant de points de cett courbe qu'on voudra et il ne s'agira plus que de faire passer un ligne par tous ces points.

QUESTIONNAIRE. Qu'est-ce que l'hyperbole ? — Qu'appelle-t-on foyers, axe de la courbe, longueur de l'axe, centre de l'hyperbole, rayons vecteurs ? — Comment trace-t-on l'hyperbole ? — Qu'est-ce que la parabole ? — Qu'appelle-t-on foyer directrice, axe, sommet de la parabole ? — Construire une parabole par points.

LIVRE SECOND.

GÉOMÉTRIE A TROIS DIMENSIONS.

CHAPITRE X.

DU PLAN ET DE LA LIGNE CONSIDÉRÉE DANS L'ESPACE.

PREMIÈRE SECTION.

DU PLAN.

236. Jusqu'à présent nous n'avons considéré que des figures géométriques dont toutes les parties étaient situées dans le même plan et qu'on appelle pour cette raison *figures planes* ou *à deux dimensions*, nous allons maintenant nous occuper de figures géométriques à trois dimensions, c'est-à-dire formées par des droites et des plans ayant des positions quelconques dans l'espace.

Trois points non en ligne droite déterminent la position d'un plan, en sorte que deux plans qui ont trois points communs non en ligne droite se confondent. Soit en effet trois points A, B et C, non en ligne droite (*fig.* 114), on pourra toujours par deux quelconques de ces points A et B, par exemple, faire pass un plan; si alors on mène une droite par les points A et B cette droite, en vertu même de la définition de la ligne droit sera entièrement contenue dans le plan. On pourra donc fai tourner le plan autour de la droite AB sans qu'il cesse contenir les points A et B jusqu'à ce qu'il passe par le point mais alors sa position sera déterminée car on ne pourra l donner aucun mouvement sans qu'il cesse d'abandonner un d trois points proposés.

Il résulte de là que lorsque deux plans PRQS et ONLM rencontrent, tous les points A, C, D, etc., qu'ils ont de commu sont sur une même ligne droite; car si parmi ces points il en avait trois qui ne fussent pas en ligne droite, les deux plan en vertu de la proposition précédente se confondraient et se couperaient pas comme on le suppose.

On énonce ordinairement cette proposition en disant : *l'i tersection commune de deux plans est une ligne droite.*

237. Lorsque deux plans, tels que ceux que nous veno de considérer, se coupent, ils partagent évidemment l'espace i fini en quatre portions infinies aussi, égales deux à deux, et q commencent toutes quatre à la ligne d'intersection AB des deu plans. Chacune de ces quatre portions de l'espace infini s'appel *angle dièdre*, d'où la définition suivante :

238. **ANGLE DIÈDRE.** — On appelle *angle dièdre* u portion de l'espace infini comprise entre deux plans qui se co pent. La ligne d'intersection des deux plans est appelée l'*arê* de l'angle dièdre et les deux moitiés de plan qui forment c angle dièdre en sont les faces (*fig.* 119).

Ce que l'on considère dans un angle dièdre c'est l'écarteme plus ou moins grand des faces, de même que dans un angle re tiligne on ne considère que l'écartement plus ou moins gran des côtés.

On représente un angle dièdre au moyen des deux lettres situées sur l'arête et de deux autres lettres situées l'une sur une face et l'autre sur l'autre face en ayant soin de mettre les lettres de l'arête au milieu. Ainsi l'angle dièdre compris entre les faces QABR et LABN s'indiquera par les lettres QABN.

239. **ANGLES DIÈDRES ADJACENTS.** — Deux angles dièdres sont dits *adjacents* quand ils ont une face commune et que les deux autres sont sur un même plan. Ainsi dans la figure précédente les angles SABN et QABN qui ont la face AN commune et dont les deux autres QB et SB forment un seul et même plan sont des angles adjacents.

240. **ANGLE DIÈDRE DROIT et PLAN PERPENDICULAIRE.** — Quand ces deux angles sont égaux chacun d'eux prend le nom d'*angle dièdre droit*, et chacune des faces est dite *perpendiculaire sur l'autre*. Par exemple, une cloison d'une chambre forme avec le parquet un angle dièdre droit, parce que cet angle est égal à celui qu'elle forme de l'autre côté avec le même parquet. On doit donc définir l'angle dièdre droit comme l'angle rectiligne droit, c'est-à-dire *un angle égal à son adjacent.*

241. Un angle dièdre tel que QAN se mesure au moyen de l'angle rectiligne HDI formé par des droites DH et DI menées dans les deux faces AN et QB perpendiculairement à l'arête AB et par un même point de cet arête.

Cette mesure est fondée sur ce que :

1° *En quelque point de l'arête qu'on forme l'angle rectiligne dont on vient de parler, cet angle rectiligne aura toujours la même valeur ;*

2° *Si les angles rectilignes qui servent de mesure à deux angles dièdres sont égaux, ces angles dièdres sont égaux ; et réciproquement si les angles dièdres sont égaux les angles rectilignes sont égaux ;*

3° *Deux angles dièdres quelconques sont entr'eux dans le même rapport que les angles rectilignes qui leur servent de mesure.*

242. **ANGLE SOLIDE.** — On appelle *angle solide* la portion de l'espace infini comprise entre plusieurs plans ASB, BSC, CSD, DSE, ESF, et FSA (*fig.* 116) qui se coupent et qui passent par un même point S; les lignes SA, SB, SC, etc., suivant lesquelles les plans se coupent deux à deux se nomment les *arêtes* de l'angle solide, et le point S, par lequel tous les plans passent, s'appelle le *sommet.*

Pour bien concevoir un angle solide, il faut toujours supposer que les faces ASB, BSC, CSD, etc., sont prolongées à l'infini à partir du sommet; en sorte que ces faces sont des angles rectilignes. On pourrait dire qu'*un angle solide est une pyramide creuse dont la base est enlevée et dont les faces sont prolongées à l'infini.*

243. On distingue les angles solides d'après le nombre de plans qui les forment. Un angle solide trièdre ou simplement un angle *trièdre* est celui qui est formé par trois plans; quand l'angle solide a quatre faces on l'appelle *tétraèdre* et ainsi de suite c'est-à-dire que pour indiquer le nombre de faces d'un angle solide on emploie les mots *pentaèdre*, *hexaèdre, eptaèdre*, etc.

244. Dans tout angle solide il y a deux espèces d'éléments à considérer, savoir : les *angles rectilignes* ASB, BSC, etc. qui forment les faces et les *angles dièdres* compris entre deux faces consécutives. En effet, les deux faces ASB, BSC, par exemple, n'étant pas dans un même plan, leurs plans font entr'eux un certain angle dièdre. Il en est de même des faces BSC et CSD, CSD et DSE, etc. Il est évident qu'il y a autant d'angles dièdres que de faces.

245. Deux angles *trièdres* jouissent de propriétés analogues

à celles des triangles, c'est-à-dire qu'ils sont égaux dans les mêmes circonstances que deux triangles, en mettant les faces des angles trièdes à la place des côtés des triangles, et les angles dièdres à la place des angles des triangles. Nous pourrons donc énoncer les théorèmes suivants :

Deux angles trièdres sont égaux,

1° *Lorsque les angles rectilignes qui forment les faces sont égaux chacun à chacun ;*

2° *Lorsqu'ils ont un angle dièdre égal compris entre deux faces égales chacune à chacune ;*

3° *Lorsqu'ils ont une face égale adjacente à deux angles dièdres égaux chacun à chacun.* Un *angle trièdre droit* est celui dont les trois angles dièdres droits, ou dont les trois faces sont des angles rectilignes droits.

246. Dans tout angle solide la somme des angles rectilignes qui en forment les faces est plus petite que 4 angles droits. Ainsi dans l'angle solide SABCDEF (*fig.* 116) on a l'inégalité ASB + BSC + CSD + DSE + ESF + FSA < (*) 4 droits.

Ce théorème fournit un moyen de reconnaître si avec des angles rectilignes pris au hasard on peut former un angle solide. Il faudra que la somme de ces angles soit plus petite que 4 angles droits.

QUESTIONNAIRE. Combien faut-il de points pour déterminer la position d'un plan ? — Qu'appelle-t-on angle driédre ? — .... angle driède droit ? — Enoncez les angles solides d'après le nombre des plans qui les forment ? — Enoncez les différens théorèmes contenus dans cette leçon. — Construire les figures désignées.

(*) Le signe < signifie *plus petit*, et le même signe retourné > signifie *plus grand*; c'est-à-dire que dans une inégalité le sommet de l'angle qui compose ce signe doit être tourné du côté de la plus petite quantité.

DEUXIÈME SECTION.

DE LA LIGNE ET DU PLAN.

247. Nous avons défini le *plan*, une surface sur laque prenant deux points à volonté et les joignant par une lig droite, cette ligne doit être entièrement contenue dans la su face. Il résulte de là qu'une ligne droite ne peut être en par dans un plan, en partie en dehors, ou en d'autres term qu'une ligne droite est entièrement tracée dans un plan d qu'elle a deux points de communs avec lui. Il résulte enco qu'une ligne droite qui rencontre un plan ne peut le coup qu'en un seul point.

248. Quand une ligne droite **AB** rencontre un plan **M** en un point **B**, elle fait généralement des angles différen avec toutes les droites **CD**, **EF**, **GH**, etc., menées par son pi dans le plan et prend alors le nom d'*oblique au plan*. P exemple, l'angle **ABD** (*fig.* 117) sera plus petit que l'ang **ABF**, et l'angle **ABF** sera plus petit que l'angle **ABH**. Parm tous ces angles, il y en a un qui est plus petit que tous l autres : c'est cet angle que l'on prend pour l'angle que droite fait avec le plan. Nous verrons tout à l'heure comme on l'obtient.

Il peut se faire que lorsqu'une droite **AB** (*fig.* 118) rencont un plan **MN**, elle fasse des angles égaux **ABD**, **ABF**, **ABH** avec toutes les droites qui passent par son pied dans le pla Dans ce cas, tous ses angles sont droits, et la droite est di perpendiculaire sur le plan ; d'où la définition suivante :

249. **PERPENDICULAIRE A UN PLAN.** — Une lig *perpendiculaire à un plan* est une droite perpendiculaire s toutes les lignes droites qui passent par son pied dans le pla

THÉORÈME.

250. *Lorsqu'une droite AB est perpendiculaire à deux droites seulement CD, EF, qui passent par son pied dans un plan MN, elle est perpendiculaire sur toutes les autres droites menées par son pied dans le même plan, et elle est par conséquent perpendiculaire au plan.*

Pour déterminer l'angle qu'une oblique **AB** fait avec un plan **MN** (*fig.* 117), il faut, d'un point **A** quelconque de l'oblique, abaisser une perpendiculaire **AD** sur le plan et joindre le pied de la perpendiculaire au pied de l'oblique par une droite **BD**. L'angle **ABD** sera l'angle demandé, c'est-à-dire qu'il sera plus petit que tout autre angle **ABF** fait par la droite **AB** avec une droite quelconque **EF** menée par son pied dans le plan.

251. **PARALLÈLE A UN PLAN.** — Une droite est dite *parallèle à un plan* lorsque la droite et le plan ne peuvent jamais se rencontrer à quelque distance qu'on les prolonge l'une et l'autre.

252. **PLANS PARALLÈLES.** — De même deux plans sont *parallèles* lorsqu'ils ne peuvent se rencontrer quelque prolongés qu'ils soient.

THÉORÈMES.

253. 1er THÉORÈME. — *Deux droites AB, ST perpendiculaires à un plan sont parallèles* (fig. 118).

2e TH. — *Deux plans MN, PQ perpendiculaires à une même droite AB sont parallèles* (fig. 119).

3e TH. — *Lorsque deux plans parallèles MN et PQ sont coupés par un troisième ABCD, les lignes AB et CD suivant lesquelles ils sont coupés sont parallèles ; car si elles n'étaient pas parallèles et qu'elles se coupassent, les plans se rencontreraient aussi évidemment et ne seraient pas parallèles.* (fig. 120).

4° **Th.** — *Des droites AB, CD, EF* (fig. 121), *etc., parallèles comprises entre deux plans parallèles MN et PQ sont égales.*

5° **Th.** — *Si une droite AB est perpendiculaire à un plan MN, tout autre plan PQ qui passe par cette droite sera perpendiculaire sur le premier* (fig. 122).

6° **Th.** — *Lorsque deux plans PQ et MN sont perpendiculaires entr'eux, si par un point A pris sur l'un d'eux on mène une perpendiculaire AB sur l'autre, cette droite AB sera entièrement contenue dans le premier* (fig. 123).

Questionnaire. Qu'appelle-t-on ligne oblique au plan ? —..... perpendiculaire au plan ? —.... parallèle à un plan ? — .... plans parallèles ? — Enoncez les différents théorèmes. — Construisez les figures ci-dessus.

CHAPITRE XI.

DES POLYÈDRES.

PREMIÈRE SECTION.

DÉFINITIONS DES DIFFÉRENTES ESPÈCES DE POLYÈDRES.

254. **POLYÈDRE.** — On appelle *polyèdre* tout corps terminé par des surfaces planes. Ces faces planes se coupent

deux à deux suivant les droites qui sont appelées les *arêtes du polyèdre* (fig. 124).

Le plus simple de tous les polyèdres a nécessairement quatre faces. En effet, il faut au moins trois plans pour former un angle solide, et il faut ensuite un quatrième plan pour fermer cet angle solide (242).

255. Les polyèdres prennent différents noms suivant le nombre de leurs faces. Le polyèdre qui a quatre faces s'appelle *tétraèdre*, celui qui en a cinq *pentaèdre*, et ainsi de suite, c'est-à-dire qu'on emploie successivement les mots *hexaèdre*, *heptaèdre*, *octaèdre*, *dodécaèdre*, *icosaèdre* pour désigner des polyèdres de six, sept, huit, douze, vingt faces.

256. Les polyèdres prennent encore différents noms suivant les dispositions relatives de leurs faces.

PRISME. — On appelle *prisme* (*fig.* 125) un corps dont les faces latérales ABDC, BDEF, EFGH, GHIJ, IJAB sont des parallélogrammes et dont les deux bases ACEGI et EDFHJ sont des polygones égaux et situés dans des plans parallèles.

Les droites égales AB, CD, EF, etc., qui vont d'une base à l'autre s'appellent les *arêtes du prisme*.

Quand ces arêtes sont perpendiculaires sur les bases, on dit que le prisme est *droit*. Dans tous les autres cas, on dit qu'il est *oblique*.

La *hauteur d'un prisme* est la distance des deux bases, c'est-à-dire la perpendiculaire abaissée d'un point de l'une d'elles sur l'autre. Il résulte de là que lorsque le prisme est droit on peut prendre une quelconque de ses arêtes pour hauteur.

267. On distingue les prismes d'après le nombre des côtés de leur base. Le prisme est dit *triangulaire* quand la base est un triangle, *quadrangulaire* quand la base est un quadrilatère, *pentagonal* lorsqu'elle est un pentagone, etc.

Un *prisme régulier* est un prisme droit dont la base est u polygone régulier.

258. **PARALLÉLIPIPÈDE.** — On appelle *parallélipipède* un prisme dont les bases ABCD, EFGH sont deux parallélogrammes (*fig.* 126). Puisque dans tout prisme les fac latérales sont des parallélogrammes, il est évident que l six faces d'un parallélipipède sont des parallélogramme Ces six faces sont égales et parallèles deux à deux ; en sor que l'on peut prendre deux faces opposées quelconques po *base*.

259. **PARALLÉLIPIPÈDE RECTANGLE.** — Quan les six faces d'un parallélipipède sont des rectangles, il pren le nom de *parallélipipède rectangle* (fig. 127).

Dans tout parallélipipède il y a huit angles trièdes à consi dérer. Dans le parallélipipède rectangle ce sont des angles trièdres droits et par conséquent égaux.

260. **CUBE.** — Un *cube* est un parallélipipède rectang dont les six faces sont des carrés égaux (*fig.* 128). C'est le plu régulier de tous les polyèdres, celui avec lequel il est le plu facile de remplir exactement un espace en le portant successi vement à côté de lui-même. Le cube est en quelque sorte au solides ce que le carré est aux surfaces; aussi on le prend tou jours pour UNITÉ DE VOLUME.

261. **PYRAMIDE.** — La *pyramide* est un corps compr sous plusieurs triangles (*fig.* 129) ASB, BSC, CSD, DSE ESF et FSA qui partent d'un même point S appelé *sommet d la pyramide*, et qui se terminent aux différents côtés d'u polygone ABCDEF nommé *base de la pyramide*. On voi d'après cette définition qu'une pyramide n'est autre chos qu'une portion d'angle solide comprise entre le sommet et u plan qui coupe toutes les faces.

262. La *hauteur* d'une pyramide est la perpendiculaire SO abaissée du sommet sur la base. Le pied de cette perpendiculaire peut tomber en dehors de la base comme dans la figure 130.

Quand la base est un polygone régulier et que la hauteur de la pyramide passe par le centre de ce polygone régulier, la pyramide est dite *régulière*.

263. **POLYÈDRE RÉGULIER.** — On appelle *polyèdre régulier* un polyèdre dont tous les angles solides sont égaux et dont toutes les faces sont des polygones réguliers égaux.

Il n'existe que cinq polyèdres réguliers : le *tétraèdre régulier* (*fig.* 131), compris sous quatre triangles équilatéraux et égaux ; l'*hexaèdre régulier* ou le *cube* (*fig.* 128), compris sous six carrés égaux, ainsi que nous l'avons défini plus haut ; l'*octaèdre régulier* (*fig.* 132), compris sous huit triangles équilatéraux égaux ; le *dodécaèdre régulier* (*fig.* 133), compris sous douze pentagones réguliers égaux ; et *l'icosaèdre régulier* (*fig.* 234), compris sous vingt triangles équilatéraux égaux.

264. Dans le tétraèdre régulier les triangles équilatéraux qui en sont les faces sont assemblés trois à trois autour d'un même point pour former chaque angle solide. Il y a en tout quatre angles solides, et chacun d'eux est un angle trièdre dont les trois faces sont des angles de 60°, puisque chaque angle d'un triangle équilatéral est égal à 60°. Le tétraèdre régulier n'est autre chose qu'une pyramide triangulaire régulière dont les quatre faces sont égales.

265. Les faces du cube sont assemblées trois à trois autour d'un même point pour former chaque angle solide. Il y a huit angles solides dont chacun est un angle trièdre droit. On peut mener dans le cube quatre diagonales diffé-

rentes AF, BG, CH et DE (*fig.* 135). Ces diagonales so toutes égales et se coupent mutuellement en deux part égales en un même point O qu'on appelle le *centre du cub* parce qu'il est également éloigné des huit sommets et des faces. Ainsi, si l'on abaisse sur les faces les perpendiculai OM, ON, OI, etc., ces perpendiculaires seront toutes égale de plus, elles seront deux à deux sur une même droite et pa seront par les centres des faces.

266. Dans l'octaèdre régulier (*fig.* 132), les triangles équ latéraux qui en sont les faces sont assemblés quatre à quat et forment six angles tétraèdres dont chacun est compris so six angles de 60°. Le tétraèdre régulier n'est autre chose q l'ensemble de deux pyramides quadrangulaires régulièr ABCDE et FBCDE qui ont leur base BCDE commune. Cet base BCDE est un carré et la ligne qui joint les sommets opp sés A et F est perpendiculaire sur le plan de ce carré et pas par son centre.

267. Dans le dodécaèdre les angles solides sont formés av des angles de pentagone assemblés trois à trois, en sorte q chaque angle solide est un angle trièdre compris sous trois an gles rectilignes de chacun 108°, puisque chaque angle d'u pentagone régulier est de 108°. Le dodécaèdre régulier a 2 angles solides.

268. Chaque angle solide de l'icosaèdre régulier est form par 5 triangles équilatéraux assemblés autour d'un même poi et est par conséquent un angle pentaèdre compris sous 5 angl rectilignes de 60° chacun. Il y a en tout 12 angles solide

Questionnaire. Qu'appelle-t-on polyèdre? — Quel est le plu simple des polyèdres? — Nommez les polyèdres d'après le nomb de leurs faces? — Qu'est-ce que le tétraèdre? — .... l'hexadre? - .... l'heptaèdre, etc. — Qu'est-ce qu'un prisme? — Qu'appelle-t-o arêtes du prisme? — Qu'est-ce qu'un prisme droit? — .... oblique

— Qu'appelle-t-on hauteur d'un prisme? — Désignez les prismes d'après le nombre des côtés de leur base? — Qu'est-ce qu'un parallélipipède? — Qu'appelle-t-on *cube?* — Qu'est-ce qu'une pyramide? — Qu'appelle-t-on sommet, base et hauteur d'une pyramide? — Qu'est-ce qu'un polyèdre régulier? — Définissez les cinq polyèdres réguliers. — Construisez les figures ci-dessus.

DEUXIÈME SECTION.

PROPRIÉTÉS GÉNÉRALES DES POLYÈDRES RÉGULIERS ET DES POLYÈDRES SEMBLABLES.

269. CENTRE DU POLYÈDRE. — Dans l'intérieur de tout polyèdre régulier il y a un point également éloigné des sommets et des faces, c'est-à-dire que si l'on joint ce point à tous les sommets par des droites, toutes ces lignes seront égales, et si du même point on abaisse des perpendiculaires sur les faces, toutes ces perpendiculaires seront aussi égales entre elles. Le point qui jouit de cette propriété s'appelle le *centre du polyèdre*; il est en même temps le *centre de gravité* du polyèdre, le *centre de la sphère inscrite* et le *centre de la sphère circonscrite.* (Voir ci-après au chap. de la *sphère.*)

270. Il est facile de concevoir pourquoi il n'y a que 5 polyèdres réguliers. En effet, pour former un angle solide il faut au moins 3 angles rectilignes; de plus, nous savons que la somme des angles rectilignes, d'un angle solide est plus petite que 4 angles droits (346), donc pour qu'on puisse former un polyèdre régulier en prenant pour chaque face un même polygone régulier, comme les angles de ce polygone régulier servent à former les angles solides du polyèdre, il faudra qu'un angle du polygone régulier multiplié par 3, soit plus petit que 4 droits en supposant qu'on veuille assembler les angles du

polygone régulier 3 à 3 autour d'un même point. Si l'on vo lait les assembler 4 à 4, il faudrait que chaque angle du pol gone régulier multiplié par 4 fût plus petit que 4 angles droi Cela posé, chaque angle d'un hexagone régulier est de 120 si donc on veut assembler des hexagones réguliers autour d'u même point pour former un angle solide, comme on ne pe pas en prendre moins de 3, la somme des 3 angles qu'on pl cera autour d'un même point sera égale à $120 \times 3 = 36$ $= 4$ droits, et l'angle solide ne pourra pas être form en vertu du principe énoncé. Les trois angles rectilign qu'on placerait dans ce cas autour du même point se trou veraient dans un même plan. On ne peut donc pas form des polyèdres réguliers avec des hexagones réguliers; à pl forte raison on n'en pourra pas former avec des polygones r guliers d'un plus grand nombre de côtés, puisque la valeur d angles de ces polygones réguliers ira en croissant avec le nomb de leurs côtés (181). On voit d'après cela que *les seuls poly gones réguliers avec lesquels on puisse former des polyèdr réguliers sont le triangle équilatéral, le carré et le pentagon régulier.*

271. Nous allons maintenant rechercher combien on peu former de polyèdres réguliers avec chacun de ces polygones.

On pourra former un polyèdre régulier avec des triangl équilatéraux assemblés trois à trois autour d'un même point car un angle du triangle équilatéral multiplié par 3 donne 180° nombre plus petit que 360°. Par cette disposition on aura l *tétraèdre régulier.*

Si l'on dispose les triangles équilatéraux quatre à quatr pour former chaque angle solide, comme $60° \times 4$ ne donn que 240° on pourra former un autre polyèdre régulier. Ce ser l'*hectaèdre.*

Enfin, on pourra encore former un troisième polyèdre régulier avec des angles équilatéraux assemblés cinq à cinq, puisque 5 fois 60° = 300°. Cette construction donnera *l'icosaèdre régulier.*

Mais on ne pourra pas construire d'autres polyèdres réguliers avec des triangles équilatéraux, car si l'on veut les assembler six à six, sept à sept, etc. Les angles solides ne pourront pas être formés. En effet 60° × 6 = 360°, et 60° × 7 donnent plus de 4 droits.

En assemblant des carrés trois à trois autour d'un même point on construira le cube. Mais si l'on veut assembler des carrés quatre à quatre, comme un droit ou chaque angle d'un carré × 4 donne 4 droits, on ne pourra pas former d'autres polyèdres réguliers avec le carré.

Des pentagones réguliers assemblés trois à trois peuvent donner un polyèdre régulier, puisque 108° qui est la valeur de chaque angle d'un pentagone régulier × 3 = 324°. On obtiendra par là le *dodécaèdre régulier.* Mais on ne pourra plus assembler des pentagones réguliers quatre à quatre, cinq à cinq, etc., puisque 108 × 4 donne un produit plus grand que 360°.

On voit donc qu'il n'existe que 5 polyèdres réguliers.

CONSTRUCTION DES POLYÈDRES RÉGULIERS.

272. **TÉTRAÈDE RÉGULIER.** — Construisez sur une feuille de carton la figure 136 composée de quatre triangles équilatéraux. Détachez cette figure de la feuille de carton au moyen d'un canif et d'une règle et passez le canif sur toutes les lignes de la figure jusqu'à la moitié de l'épaisseur du carton. En repliant les quatre triangles autour des charnières formées par les

incisions et en les rapprochant jusqu'à ce qu'ils se touchent, on aura le tétraèdre régulier qu'on rendra solide en collant des bandelettes de papier sur les arêtes détachées.

273. **CUBE, OCTAÈDRE, DODÉCAÈDRE, ICOSAÈDRE RÉGULIERS.** — Ces quatre solides se construiront par le même procédé, avec les figures 137, 138, 139 et 140.

274. **POLYÈDRES SEMBLABLES.** — On appelle *polyèdres semblables* deux polyèdres qui ont leurs angles solides égaux chacun à chacun et dont toutes les faces sont semblables chacune à chacune. Par exemple, deux cubes de dimensions différentes sont deux polyèdres semblables. En général, *deux polyèdres réguliers d'un même nombre de faces sont semblables.*

THÉORÈME.

275. *Deux polyèdres semblables sont entr'eux comme les cubes de leurs côtés homologues.* Par exemple, si l'on a deux cubes dont l'un ait 1 mètre pour arête, et l'autre 3 mètres, comme les cubes de ces nombres sont 1 et 27, le second cube sera 27 fois plus grand que le premier. On trouvera d'après le même principe qu'*un mètre cube contient* 1000 *décimètres cubes*, *un million de centimètres cubes et un billion de millimètres cubes.* Par conséquent *un décimètre cube contient* 1000 *centimètres cubes et un million de millimètres cubes ; et un centimètre cube contient* 1000 *millimètres cubes.*

276. On peut rendre sensible par une construction le rapport qui existe entre deux cubes de dimensions différentes. Par exemple, celui du mètre cube au décimètre cube.

Soit en effet ABCDEFGH (*fig.* 141) un cube dont chaque côté soit égal à 1 mètre. La base étant un mètre carré pourra se diviser comme nous l'avons déjà fait voir en 100 décimètres carrés. Si donc, par toutes les lignes de division, on élève des plans perpendiculaires à la base on divisera le mètre cube en 100 tranches ayant chacune pour base un décimètre carré et pour hauteur un mètre. Si ensuite on divise la hauteur du mètre cube en 10 parties égales et que par tous les points de division on mène des plans parallèles à la base, on divisera chacune des tranches précédentes en dix parties égales dont chacune sera un décimètre cube, puisqu'elle aura pour base un décimètre carré et pour hauteur un décimètre. Donc, puisqu'il y a 100 tranches dans le mètre cube et 10 décimètres cubes dans chaque tranche, le mètre cube contient $10 \times 100 = 1000$ décimètres cubes.

QUESTIONNAIRE. Qu'appelle-t-on centre d'un polyèdre ? — Pourquoi n'y a-t-il que cinq polyèdres réguliers ? — Construisez un tétraèdre régulier. — ..... un cube. — .... un octaèdre, un dodécaèdre, un icosaèdre réguliers. — Qu'appelle-t-on polyèdres semblables ? — Enoncez le théorème sur les polygones semblables. — Démontrez qu'un mètre cube vaut 1000 décimètres cubes, etc. — Dessinez les figures ci-dessus.

CHAPITRE XII.

DU CYLINDRE ET DU CONE.

PREMIÈRE SECTION.

DU CYLINDRE.

277. CYLINDRE. — Le *cylindre* est un solide engendré par la révolution d'un rectangle autour d'un de ses côtés (*fig.* 142).

Pour concevoir ce solide, supposons que le rectangle ABCI soit mobile autour du côté CD et supposons que le côté CD res tant fixe, le rectangle tourne tout autour de ce côté. Il est évi dent que le côté AB opposé au côté fixe décrira une surfac courbe et que les côtés AC et BD décriront deux cercles égaux

278. AXE DU CYLINDRE. — Le côté immobile du rec tangle générateur s'appelle l'*axe du cylindre*, la surface courb engendrée par le côté opposé à l'axe en est la *surface convex* et les cercles décrits par les côtés adjacents à l'axe en sont le *bases.*

279. Quelquefois on donne au mot cylindre une acceptio plus générale et voici la définition qu'on en donne : un *cylindr* est une surface engendrée par le mouvement d'une ligne A assujétie à rester toujours parallèle à elle-même et qui se meu le long d'une courbe MNOP. La droite AB est dite la *géné ratrice du cylindre*, et la ligne MNOP est dite la *courbe di rectrice.*

D'après cette définition il y a une infinité de surfaces cylin driques, puisqu'on peut prendre une infinité de courbes pou *directrices ;* mais toute surface cylindrique est évidemmen infinie en longueur, car il résulte de la définition qu'elle s compose d'une infinité de lignes droites parallèles qui étant pro longées à l'infini dans les deux sens ne peuvent pas se ren contrer. Un cylindre est en quelque sorte une tige creuse d forme quelconque, mais parfaitement droite, qui se prolongera à l'infini.

280. CYLINDRE CIRCULAIRE DROIT. — Quand l directrice est une circonférence et que la génératrice est pe pendiculaire au plan de cette circonférence, le cylindre est d *circulaire droit.* Il est évident alors que le cylindre de notr première définition n'est autre chose qu'une portion de cylindr

circulaire droit comprise entre deux plans perpendiculaires à la génératrice.

281. Lorsqu'on parle d'un cylindre sans désigner sa nature, il est toujours question d'un cylindre circulaire droit.

Si par un point quelconque de la surface du cylindre (*fig.* 143) on mène une droite CD parallèle à la direction primitive AB de la génératrice, cette droite sera évidemment contenue tout entière dans la surface. Mais l'on peut mener une infinité de droites semblables tout autour du cylindre ; on voit donc qu'une surface cylindrique peut être considérée comme composée d'une infinité de lignes droites parallèles. Ces droites portent toutes le nom de *génératrices*, parce qu'elles ne sont autre chose que les positions successives que prend la génératrice dans son mouvement.

282. PLAN TANGENT. — Un *plan tangent* à un cylindre est un plan ABCD qui passe par une de ses génératrices EF et qui n'a que les points de cette ligne de communs avec le cylindre (*fig.* 144).

Il est évident que toute droite MN tracée dans ce plan est tangente au cylindre, car elle n'a de commun avec lui que le point O où elle coupe la génératrice.

Le plan tangent coupe dès lors le plan de la base suivant une droite AB tangent à cette base. De plus, le plan tangent est perpendiculaire au plan de la base, puisqu'il passe par une droite EF perpendiculaire à ce dernier plan.

283. Cette remarque fournit un moyen simple de *mener un plan tangent à un cylindre par un plan quelconque pris sur la surface.* Soit, en effet, O ce point ; abaissez une perpendiculaire OE sur le plan de la base, menez par le pied E de cette perpendiculaire une tangente AB à la base, puis faites

passer par **AB** et **EF** un plan **ABCD** qui sera le plan demandé. (*)

Nous allons maintenant faire connaître les différentes *sections* d'un cylindre par un plan, c'est-à-dire les différentes lignes suivant lesquelles un plan coupe la surface du cylindre.

SECTIONS D'UN CYLINDRE PAR DIFFÉRENTS PLANS.

284. Lorsqu'on fait passer un plan **MN** par l'axe **IH** d'un cylindre (*fig.* 145), il est évident que la section **ABCD** qui en résulte se compose du rectangle générateur dans une position **ABIH**, plus du même rectangle générateur dans une position diamétralement opposée **HIDC**, donc :

THÉORÈMES.

285. *Toute section d'un cylindre par un plan conduit suivant l'axe est un rectangle double du rectangle générateur.*

286. Si le plan coupant **MN** est perpendiculaire à l'axe (*fig.* 146), cet axe **OH** sera perpendiculaire sur toutes les droites **OA**, **OB**, **OD** menées du point où il coupe le plan coupant aux différents points **ABD** de la section. Ces droites mesureront donc les distances des différentes génératrices **PQ**, **RS**, etc., à l'axe. Donc tous les points de la section sont également éloignés d'un point intérieur **O**, d'où l'on conclut que

287. *Toute section d'un cylindre par un plan perpendiculaire à l'axe est un cercle égal aux deux bases et dont le centre est sur l'axe.*

(*) Dans tout ce qui suit il n'est question que du cylindre circulaire droit.

288. Quand le plan coupant MN est oblique à l'axe, il n'est pas aussi facile de démontrer la nature de la section; c'est pourquoi nous nous contenterons d'énoncer le théorème suivant :

289. *Toute section d'un cylindre par un plan oblique à l'axe est une ellipse dont le petit axe est égal au diamètre du cylindre et qui est d'autant plus allongée que le plan est plus oblique* (*fig.* 147).

290. Si l'on inscrit un polygone régulier dans la base d'un cylindre et que par les différents côtés on élève des plans perpendiculaires à la base jusqu'à la rencontre de la base opposée, on inscrira dans le cylindre un prisme régulier dont les arêtes seront des génératrices du cylindre. Plus le polygone régulier aura de côtés plus le prisme inscrit approchera d'être équivalent au cylindre, et il en approchera autant qu'on voudra. On voit donc qu'un cylindre peut être considéré comme un prisme régulier d'une infinité de faces latérales; dès lors la surface convexe d'un cylindre peut aussi être regardée comme composée d'une infinité de rectangles dont la hauteur commune est égale à la hauteur du cylindre et dont la somme des bases est égale à la circonférence de la base du cylindre.

291. DÉVELOPPEMENT DU CYLINDRE. — Si l'on fait rouler un cylindre sur un plan, on pourra donc considérer ce cylindre comme un prisme régulier d'une infinité de faces qui tournent successivement autour de ses arêtes, et dont tous les rectangles infiniment petits, qui composent sa surface viennent se placer les uns à la suite des autres pour former un seul et même rectangle dont la base est égale à la circonférence de la base du cylindre et dont la hauteur est égale à la hauteur du cylindre. Ce rectangle s'appelle le *développement de la surface du cylindre* (*fig.* 148). Il résulte de là que :

292. **SURFACE DU CYLINDRE.** — *La surface convexe du cylindre s'obtient en multipliant la circonférence de la base par la hauteur.*

Si l'on veut avoir la surface totale du cylindre, il faudr ajouter à la surface convexe la somme des surfaces des base obtenues d'après la règle que nous avons donnée pour la surface du cercle (107).

293. Si l'on circonscrit un polygone régulier à la base d'un cylindre (*fig.* 149) et que par les différents côtés on élève de plans perpendiculaires à la base jusqu'à la rencontre de la base opposée, tous ces plans seront tangents à la surface du cylindre suivant des génératrices passant par les points de tangence du polygone régulier, et formeront un prisme régulier circonscrit au cylindre et qui approchera autant que l'on voudr d'être équivalent au cylindre en donnant assez de côtés au polygone régulier. On aurait pu aussi par la considération de ce prisme circonscrit arriver à considérer le cylindre comme un prisme régulier d'une infinité de faces.

Questionnaire. Qu'est-ce que le cylindre ? — Qu'appelle-t-on axe du cylindre ? — ..... génératrice du cylindre ? — ..... courbe directrice ? — Qu'est-ce que le cylindre circulaire droit ? — Qu'est-ce qu'un plan tangent ? — .... mener un plan tangent à un cylindre — Qu'arrive-t-il lorsqu'on fait passer un plan par l'axe d'un cylindre ? — ..... si le plan coupant est perpendiculaire à l'axe ? — .... oblique à l'axe ? — Inscrire un prisme régulier dans un cylindre — Comment trouve-t-on la surface d'un cylindre ?

DEUXIÈME SECTION.

DU CÔNE.

294. **CONE.** — Le *cône* est un solide engendré par la révolution d'un triangle rectangle ABC (*fig.* 150) qui tourne

autour d'un des côtés AB de l'angle droit ; l'hypoténuse BC engendre dans ce mouvement une surface courbe qu'on appelle *surface convexe du cône*. Le côté immobile AB prend le nom d'*axe du cône*, et le cercle engendré par le côté AC est ce que l'on nomme la *base du cône*.

On donne aussi du cône comme du cylindre une définition plus générale, et l'on entend par *cône* la surface engendrée par le mouvement d'une ligne AB assujétie à passer par un même point C et qui l'appuie constamment sur une courbe quelconque MNO (*fig.* 151).

295. **NAPPES, SOMMET, etc., DU CONE.** — La surface MNOCM'N'O' engendrée par la droite AB se compose de deux parties MNOC et M'N'O'C qu'on appelle les *deux nappes du cône* et qui s'étendent à l'infini à partir du point fixe C qui est appelé le *sommet du cône*. La courbe MNO sur laquelle s'appuie constamment la droite mobile s'appelle la *courbe directrice* et la droite mobile se nomme la *génératrice*.

Toutes les droites CM, CN, etc., menées du sommet aux différents points de la directrice s'appellent les génératrices du cône et chacune d'elles prend le nom de *côté du cône*.

296. On peut prendre une infinité de courbes différentes pour directrices et le point immobile C peut avoir une infinité de positions différentes par rapport à la courbe directrice. Il résulte de là qu'il existe un nombre infini de surfaces coniques qui diffèrent les unes des autres soit par leur directrice, soit par la position de leur sommet relativement à la directrice.

297. Quand la directrice est une circonférence de cercle MNI et que la perpendiculaire CI abaissée du sommet C sur le plan de cette circonférence de cercle passe par son centre I, la surface engendrée s'appelle *cône droit circulaire*. Cette perpendiculaire prolongée indéfiniment est l'*axe du cône*. Pour

concevoir cette espèce de surface on peut se la représente comme la réunion de deux éteignoirs ou de deux cornets d papier qui se touchent par leurs pointes et qui se prolonger à l'infini dans des sens opposés.

Cette surface conique est la seule dont nous exposerons le propriétés dans ce chapitre, et il est facile de voir que le côn dont nous avons parlé dans la première définition est une po tion du cône circulaire droit comprise entre le sommet (*fig.* 152) et un plan MNIO perpendiculaire à l'axe.

298. Si l'on joint le sommet C à un point quelconque de la directrice, on aura évidemment une des positions qu prend la génératrice dans son mouvement; dès lors cette droi CN sera entièrement contenue dans la surface du cône. Ma on peut mener une infinité de droites tout autour du cône toutes ces droites portent le nom de *génératrices* ou *côt du cône.* On voit, dès lors, qu'une surface conique pe être considérée comme composée d'une infinité de lignes droit partant d'un même point et passant par les différents poin d'une circonférence de cercle.

299. PLAN TANGENT A UN CONE. — Un plan ta gent à une cône est un plan MN qui passe par une des gén ratrices CN et qui n'a que les points de cette droite de commu avec le cône (*fig.* 153).

Les deux nappes du cône se trouvent évidemment de côt différents du plan tangent qui passe d'ailleurs par le somm et sépare en quelque sorte les deux nappes.

300. Le plan tangent coupe le plan de la base suivant u droite PN tangente à la circonférence de cette base. De là r sulte un moyen facile de *mener un plan tangent à une surfa conique* :

Soit, en effet, D un point quelconque par lequel il s'a

de mener un plan tangent à la surface du cône : on joindra le point D au point C par une droite DC que l'on prolongera jusqu'à la rencontre de la base en un point H. Par le point H on mènera une tangente PN à la base, puis on fera passer un plan par les deux droites PN et HC. Ce plan sera le plan demandé.

SECTIONS DU CÔNE PAR DIFFÉRENTS PLANS.

301. Toute section du cône droit par un plan passant par l'axe est un triangle isocèle ABC double du triangle rectangle générateur ACI, si l'on considère le cône limité dont nous avons parlé dans la première définition. Mais si l'on coupe par un plan passant par l'axe un cône droit circulaire à deux nappes indéfiniment prolongées, la section se composera de deux angles opposés par le sommet HCK et CFE doubles chacun de l'angle HCM que le côté du cône fait avec l'axe (*fig.* 154).

302. Tout plan MN perpendiculaire à l'axe coupe la surface du cône suivant une circonférence de cercle ABD dont le rayon OA est d'autant plus grand que le plan est plus éloigné du sommet du cône (*fig.* 155). Ce rayon peut d'ailleurs se déterminer par une construction assez simple. Soit, en effet, A le point de la surface par lequel le point est mené ; on mesurera la distance AC du point A au sommet; puis on construira un triangle rectangle ACO ayant l'hypoténuse $ac = AC$ et l'angle aigu *aco* égal à l'angle compris entre l'axe et le côté du cône, ce qui se fera en tirant une droite *ac* égale à AC, en faisant l'angle *ach* égal à l'angle dont nous venons de parler, et en abaissant du point *a* une perpendiculaire *ao* sur *ch*. Cette perpendiculaire *ao* sera le rayon cherché.

303. Lorsque le plan coupant MN est oblique à l'ax (*fig.* 156) sans pouvoir rencontrer les deux nappes et sans êtr parallèle à aucune génératrice du cône, la section ABD est un ellipse dont les dimensions et la forme dépendent de l'angle d cône, de l'obliquité du plan coupant et de sa distance au son met. Le petit axe de cette ellipse n'est pas constant comm pour le cylindre, et l'on peut obtenir toutes les ellipses possi bles avec un cône quelconque en plaçant le plan coupant conve nablement.

304. Si le plan coupant MN (*fig.* 157) rencontre les deu nappes, chacune d'elles sera coupée suivant une courbe (EF, G ou ABD) qui se composera de deux branches composée chacune de deux parties s'étendant à l'infini et s'écartant ind finiment. Ces deux courbes ne formeront ensemble et dans l position qu'elles occuperont sur le cône qu'une seule et mêm hyperbole, dont les dimensions et la forme varieront aussi ave la position du plan coupant et l'angle du cône.

305. Lorsque le plan coupant MN est parallèle à une des gé nératrices du cône ACE par exemple (*fig.* 158), le plan ne peu rencontrer qu'une des deux nappes et coupe celle qu'il rencontr suivant une courbe ABD composée de deux parties s'étendan à l'infini, et cette courbe sera une parabole dans laquelle l foyer F sera d'autant plus rapproché du sommet B que l plan sera mené plus près du sommet. On pourra même obteni une parabole quelconque avec un même cône donné, en fai sant passer le plan coupant à une distance convenable d sommet.

306. Si l'on inscrit un polygone régulier ABCDEF dan la base d'un cône droit et qu'on fasse passer des plans par l sommet et par les côtés de ce polygone régulier, ces plans s couperont deux à deux suivant des droites SA, SB, SC, etc.

situées sur la surface du cône et formeront une pyramide régulière SABCDEF inscrite dans le cône (*fig.* 159).

Il est facile de voir qu'en donnant au polygone régulier un assez grand nombre de côtés, la pyramide approchera autant que l'on voudra de se confondre avec le cône. *On peut donc considérer le cône comme une pyramide régulière d'une infinité de faces latérales*, et la surface convexe du cône pourra être regardée comme composée d'un nombre infini de triangles isocèles dans lesquelles les bases sont infiniment petites et dont les côtés égaux sont des génératrices du cône.

Comme la base de chacun de ces triangles est infiniment petite, on peut considérer la hauteur commune SH comme égale aux côtés du cône. La somme des surfaces de tous ces triangles ou la surface convexe du cône s'obtiendra donc en multipliant la somme des bases ou la circonférence de la base du cône par la moitié de la hauteur commune de tous ses triangles ou le côté du cône. D'où résulte que :

307. SURFACE DU CONE. — *La surface convexe du cône a pour mesure la circonférence de la base par la moitié du côté.*

308. — DÉVELOPPEMENT DU CONE. — Si l'on fait rouler un cône sur un plan, ce cône pourra être considéré comme une pyramide régulière d'une infinité de faces latérales qui tourne successivement autour de ses arêtes, et dont tous les triangles isocèles qui composent sa surface convexe, viennent se placer les uns à la suite des autres autour du point S où repose le sommet, pour former par leur ensemble une espèce de secteur polygonal dont tous les sommets A, B, C, etc., seront également éloignés du point S (*fig.* 160), la distance commune étant égale aux côtés du cône ; d'ailleurs la somme des

côtés AB, BC, CD, etc., est évidemment égale à la circonférence de la base du cône, il résulte de là que :

Le développement de la surface convexe du cône est un secteur circulaire décrit d'un rayon égal aux côtés du cône et dans lequel l'arc qui lui sert de base est égal en longueur à la circonférence de la base.

309. Si l'on veut d'après cela former un cône avec une feuille de carton ou de ferblanc, il faudra décrire une circonférence d'un rayon égal aux côtés qu'on veut donner au cône prendre sur la circonférence une longueur AOB, égale à la circonférence de la base que le cône doit avoir et découper la figure SAOB. En repliant la feuille de carton ou de ferblanc de manière à ce que les bords SA, TB se touchent on obtiendra une surface conique si l'on assujétit le bord AOB à coïncider avec le bord d'une autre feuille de carton ou de ferblanc MP. découpé circulairement et égale à la base du cône. Cette construction explique pourquoi les tailleurs sont obligés de découper circulairement le bas d'un manteau dont le drap doit former sur le corps une espèce de cône.

310. — CONE TRONQUÉ. On appelle cône tronqué une portion du cône ABCDE comprise entre la base et un plan quelconque (*fig.* 161), mais nous ne considérons ici que le cône tronqué compris entre la base et un plan parallèle à la base (*fig.* 162).

311. Si l'on prolonge par la pensée le tronc de cône jusqu'au sommet, il est évident que ce tronc de cône ne sera autre chose que la différence du cône entier CABD et du cône CEFG compris entre le sommet et le plan coupant. Cette remarque fournit le moyen de trouver la surface du tronc de cône. Il suffira, en effet, de calculer les surfaces des deux cônes CABD et CEFG, et de retrancher ces surfaces l'une de l'autre.

Mais il existe un moyen plus commode d'obtenir cette surface : il faut pour cela additionner les circonférences EFG et ABD, et multiplier la somme obtenue par la moitié de la portion AE du côté du cône, comprise entre les deux bases.

312. **DÉVELOPPEMENT DU CONE TRONQUÉ.** — Si l'on fait rouler le cône entier CABD sur un plan, il est évident que les deux cônes CABD et CEFG se développeront suivant deux secteurs concentriques *cefg* et *cabd*, et que le développement du tronc de cône sera égal à la différence *efabd* de ces deux secteurs (*fig.* 163). On pourra donc d'après cela construire aussi facilement un tronc de cône qu'un cône entier.

QUESTIONNAIRE. Qu'est-ce qu'un cône? — Qu'appelle-t-on nappes du cône? — ..... côtés du cône? — Qu'est-ce qu'un cône droit? — Qu'appelle-t-on axe du cône? — ..... génératrices? — ..... plan tangent à un cône? — Comment mène-t-on un plan tangent à un cône? — Quelles sont les principales sections coniques? — Comment trouve-t-on la surface du cône? — Qu'entend-on par développement du cône? — Qu'est-ce qu'un cône tronqué? — Développez un cône tronqué. — Construisez toutes les figures ci-dessus.

CHAPITRE XIII.

DE LA SPHÈRE.

313. **SPHÈRE.** — On appelle *sphère* un solide ABCDEF terminé par une surface courbe dont tous les points sont

également éloignés d'un point intérieur qu'on appelle *centre* (*fig.* 164).

On voit d'après cette définition que la sphère qu'on appelle *boule*, dans le langage ordinaire, est à l'espace infini ce qu'est un cercle à un plan.

314. RAYON. — DIAMÈTRE. — Toute ligne telle que OE (*fig.* 164) menée du centre à la surface se nomme *rayon*, et toute ligne telle que EF menée par le centre et terminée de part et d'autre à la surface porte le nom de *diamètre*. Il résulte de la définition de la sphère : 1° *que tous les rayons sont égaux entr'eux, ainsi que les diamètres ;* 2° *que le diamètre est le double du rayon.*

315. Si l'on fait tourner un demi-cercle ABD autour de son diamètre AD (*fig.* 164), il est évident que dans ce mouvement tous les points de la $\frac{1}{2}$ circonférence ABD ne cesseront pas d'être également éloignés du centre O, et que par conséquent la surface du solide engendré par ce mouvement aura tous ses points à égale distance du point O, la distance commune étant le rayon du demi-cercle générateur. Ce solide sera donc une sphère ; d'où l'on voit qu'on peut encore définir la sphère un solide engendré par la révolution d'un demi-cercle autour de son diamètre.

316. GRAND CERCLE. — Toute section de la sphère par un plan passant par le centre est un cercle EGFB dont le rayon est égal au rayon de la sphère et qui s'appelle un *grand cercle* (fig. 164).

317. PETIT CERCLE. — Lorsque le plan coupant ne passe pas par le centre, la section MNQP est encore un cercle, mais le rayon de ce cercle est plus petit que celui de la sphère et est d'autant plus petit que le plan est plus éloigné du centre; cette section porte le nom de *petit cercle*. Le centre d'un petit

cercle est le pied I de la perpendiculaire abaissée du centre sur le plan de ce petit cercle.

318. Pour avoir le diamètre d'un petit cercle **MNQP** (*fig.* 165) il faut élever sur le diamètre *ad* du cercle générateur une perpendiculaire *io* égale à la distance OI du petit cercle au centre de la sphère, et par l'extrémité *i* de cette perpendiculaire mener parallèlement à *ad* une corde *mn* qui est le diamètre cherché.

319. POLES. — Si par le centre O d'un grand cercle AEDF on élève un diamètre GB perpendiculaire au plan de ce grand cercle, les extrémités G et B de ce diamètre seront également éloignées de tous les points de la circonférence du grand cercle. Ces points s'appellent les *pôles* du grand cercle.

320. De même si par le centre I d'un petit cercle MNQP on élève un diamètre GB, chaque extrémité de ce diamètre s'appelle *pôle* du petit cercle et est également éloignée de tous les points de sa circonférence.

Quand on connaît un des pôles G d'un grand cercle ou d'un petit cercle, on peut avec un compas décrire la circonférence de ce cercle sur la surface de la sphère.

Si c'est un grand cercle que l'on veut décrire, on trace sur un plan un demi-cercle (*fig.* 166) *ahd* d'un rayon égal à celui de la sphère, on détermine le milieu *h* de la demi-circonférence par un rayon *oh* perpendiculaire à *ad*. Puis après avoir donné au compas une ouverture égale à la corde *hd*, on place une des pointes du compas sur le pôle G, et l'on promène sur la surface de la sphère l'autre pointe qui trace la circonférence du grand cercle AEDF.

321. Lorsqu'on a à décrire un petit cercle dont on donne le pôle G et la distance OI au centre de la sphère, on détermine le diamètre *mn* du petit cercle, comme on l'a indiqué plus haut; puis l'on décrit du pôle G comme centre et d'une

ouverture de compas égale à la corde *hn*, une courbe MNQ sur la surface de la sphère. Cette courbe est la circonférence du petit cercle demandé.

322. Quand on connaît deux points A et B de la circonférence d'un grand cercle, on peut déterminer son pôle et par suite le décrire. Pour cela, on trace encore sur un plan une circonférence ayant pour rayon celui de la sphère, et l'on tire la corde qui sous-tend le quart de cette circonférence. Puis, des points A et B comme centre et avec des ouvertures de compas égales à cette corde, on trace sur la surface de la sphère deux arcs de cercle qui se coupent en un point P. Ce point est le pôle cherché. On trace ensuite facilement le grand cercle qui passe par les points A et B; pour cela, on placera une des pointes du compas au point P, et l'autre au point A ou au point B. Puis en maintenant la première pointe au point P et en conservant la même ouverture, on promène l'autre pointe sur la surface de la sphère. La pointe mobile trace une circonférence de grand cercle passant par les points A et B. Ce problème peut évidemment s'énoncer ainsi : *Faire passer une circonférence de grand cercle par deux points donnés sur la surface de la sphère.*

323. ONGLET SPHÉRIQUE.—FUSEAU. —Si l'on mène deux plans ABCO, AFCO par le centre de la sphère (*fig.* 167), ces deux plans se couperont nécessairement suivant une droite AOC passant par le centre de la sphère, c'est-à-dire suivant un diamètre, la portion ABCFAOC du volume de la sphère comprise entre ces deux plans, s'appelle *onglet sphérique*, la portion ABCFA de la surface de la sphère se nomme *fuseau*, et l'angle des deux plans s'appelle l'*angle du fuseau.*

Pour avoir cet angle, il faut, par le centre de la sphère, mener un plan MBNP perpendiculaire à l'intersection AC.

Ce plan coupe, comme nous l'avons vu, la surface de la sphère, suivant une circonférence de grand cercle. La portion BF de cette circonférence comprise entre les deux arcs de cercle qui limitent le fuseau mesure l'angle de ce fuseau.

Puisque le diamètre AC est perpendiculaire au plan MBNP, les plans A et C sont les pôles de l'arc de cercle BF ; on pourra donc décrire cet arc de cercle d'après la construction indiquée plus haut.

Il est évident qu'un fuseau est contenu autant de fois dans la surface de la sphère que l'arc BF qui mesure l'angle de ce fuseau est contenu dans une circonférence de grand cercle.

324. ZONE. — On appelle *zone* (*fig.* 167) une portion de la surface de la sphère, comprise entre deux plans parallèles ABCD et EFGH. Les sections de ces plans avec la surface de la sphère s'appellent les *bases de la zone.*

325. SEGMENT DE SPHÈRE. — La portion du volume de la sphère limitée par une zone et ses deux bases s'appelle *segment sphérique.*

La *hauteur d'une zone* ou d'un segment est la distance des deux bases de cette zone ou de ce segment.

316. CALOTTE. — La *calotte sphérique* est une portion de la surface de la sphère ABCDI détachée par un plan quelconque (167). On peut la considérer comme une zone qui n'a qu'une base.

327. PLAN TANGENT. — Un plan tangent à la surface de la sphère est un plan MN (168) qui n'a qu'un point P de commun avec la surface de la sphère. Tout plan tangent à la sphère est perpendiculaire au rayon OP mené au point de contact, et réciproquement tout plan perpendiculaire à l'extrémité d'un rayon est tangent à la sphère.

328. POLYÈDRE INSCRIT ET CIRCONSCRIT. — On

appelle *polyèdre inscrit* à la sphère un polyèdre dont tous les sommets sont sur la surface de la sphère, et un *polyèdre circonscrit* est un polyèdre dont toutes les faces sont tangentes à la surface de la sphère.

Le polyèdre régulier est inscriptible et circonscriptible à la surface de la sphère. En effet, le centre d'un polyèdre régulier étant également éloigné de tous les sommets, on peut le prendre pour le centre d'une surface de sphère passant par tous les sommets.

Les perpendiculaires abaissées du centre d'un polyèdre régulier sur toutes les faces étant égales, on peut concevoir une surface de sphère passant par tous les pieds de ces perpendiculaires et ayant pour centre celui du polyèdre. Dès lors toutes les faces du polyèdre seront tangentes à cette sphère, puisque chacune d'elles sera perpendiculaire à l'extrémité d'un rayon et le polyèdre régulier sera circonscrit à la sphère.

329. SURFACE DE LA SPHÈRE, DE LA ZONE, etc. — La surface de la sphère est égale à quatre fois celle d'un grand cercle. Il résulte de là que *pour avoir la surface de la sphère il faut multiplier le carré de son rayon par le rapport de la circonférence au diamètre, ce qui donne la surface d'un grand cercle, et multiplier le produit obtenu par 4*. En sorte que la surface d'une sphère dont le rayon est R peut se représenter par $4 \times \pi \times R^2$.

Exemple : La surface d'une sphère dont le rayon est 5 mètres est égale à $4 \times 3,1415 \times 5^2 = 4 \times 3,1415 \times 25 =$ 314,15 mètres carrés.

La surface de la sphère peut encore s'obtenir en multipliant la circonférence d'un grand cercle par le diamètre, mais le premier procédé est plus commode.

La *surface d'une zone* est égale à sa hauteur multipliée par la circonférence d'un grand cercle.

La *calotte sphérique* pouvant être considérée comme une zone qui n'a qu'une base, sa surface s'obtiendra par la même règle.

Pour avoir la surface d'un *fuseau* il faut calculer celle de la sphère tout entière et la diviser par le nombre de fois que l'angle du fuseau est contenu dans 360°. Si, par exemple, l'angle du fuseau était de 18 degrés, comme 18 est contenu 20 fois dans 360, on diviserait la surface de la sphère par 20.

QUESTIONNAIRE. Qu'appelle-t-on sphère ? — Qu'est-ce que le rayon, diamètre de la sphère ? — Qu'appelle-t-on grand cercle, petit cercle, pôles de la sphère ? — Comment fait-on passer la circonférence de grand cercle par deux points donnés sur la surface de la sphère ? — Qu'appelle-t-on angle sphérique ? — Fuseau, zone, segment sphérique ? — Trouvez la surface de la sphère, de la zone, de la calotte sphérique et du fuseau.

CHAPITRE XIV.

DE LA CUBATURE DES SOLIDES.

PREMIÈRE SECTION.

PRINCIPES GÉNÉRAUX.

330. **CUBER** *un solide*, *le mesurer*, ou *évaluer sa solidité*, c'est chercher combien de fois le volume de ce solide contient celui d'un autre solide qu'on prend pour unité.

331. Le corps que l'on prend toujours pour unité de mesure est le *cube* (260), pour les mêmes raisons qui ont fait prendre le carré pour unité de surface.

332. Pour évaluer la solidité d'un corps, on est toujours obligé de convertir en nombres au moyen d'une unité linéaire certaines lignes droites ou courbes tracées, soit dans l'intérieur du corps, soit sur sa surface. Cela posé, pour qu'il soit plus facile de comparer le solide proposé avec l'unité de volume, on prend toujours pour cette unité de volume le cube dont chaque côté est égal à l'unité linéaire. Par exemple, si l'on emploie le mètre pour mesurer les dimensions du corps, on prendra pour unité de volume le cube dont chaque côté est égal au mètre et qu'on appelle *mètre cube*. Si l'on avait pris le décimètre pour mesurer les dimensions du corps, il eût fallu prendre le *décimètre cube* pour unité de volume (275. Th.).

D'après cela lorsqu'on dira qu'un corps a pour mesure le produit de telles et telles lignes, il faudra toujours entendre que ces lignes ont été évaluées en nombres au moyen d'une unité linéaire, que ce sont ces nombres qu'il faut multiplier les uns par les autres, et qu'autant il y a d'unités dans le produit de ces nombres, autant de fois le corps proposé contient le cube dont chaque côté est égal à l'unité linéaire.

Exemple : Supposons que le solide ABCDEFGH (*fig.* 169) ait pour mesure le produit des trois lignes AB, BC et BF, et qu'en prenant le décimètre pour unité linéaire, on trouve pour les longueurs de ces lignes 21 décimètres 3 dixièmes, 8 décimètres et 6 décimètres. On formera le produit $21,3 \times 8 \times 6$ de ces trois nombres. Le résultat de cette multiplication, lequel est 1022,4 indiquera que le corps proposé contient 1022 fois, 4 dixièmes de fois le cube dont chaque côté a 1 décimètre, ou que sa solidité est de 1022,4 décimètres cubes qu'on énonce 1022 décimètres cubes et 4 dixièmes de décimètre cube. Si l'on avait pris le mètre pour mesurer les lignes AB, BC et BF, on aurait eu les nombres $2^m,13$, $0^m,8$ et $0^m,6$, et en formant le produit de ces nombres, lequel est 1,022, on aurait trouvé que le solide proposé contient 1 fois le mètre cube, plus 22 millièmes de mètre cube, et la solidité du corps aurait été représentée par 1,022 mètres cubes qu'on énonce 1 mètre cube, 22 millièmes de mètre cube.

333. Lorsqu'en évaluant le volume d'un solide en mètres cubes, on trouve, comme dans l'exemple précédent, une fraction décimale, il faut avoir soin de ne pas confondre le dixième de mètre cube avec le décimètre cube, le centième de mètre cube avec le centimètre cube et le millième de mètre cube avec le millimètre cube, de même que nous avons vu qu'il ne faut pas confondre le dixième de mètre carré avec le décimètre carré, le centième de mètre carré avec le centimètre carré, etc. (205) ; car la différence entre le dixième de mètre cube et le décimètre cube est encore plus grande qu'entre le dixième de mètre carré et le décimètre carré, etc.

Soit, en effet, ABCDEFGH (*fig.* 170) un mètre cube; sa base EFGH qui n'est autre chose qu'un mètre carré pourra, comme nous le savons déjà, se diviser en 100 décimètres carrés par 18 lignes de division. Si par toutes ces lignes de division on mène des plans perpendiculaires à la base, on divisera le mètre cube en 100 tranches ayant chacune pour base 1 décimètre carré et pour hauteur 1 mètre. Si ensuite on divise la hauteur AE du cube en 10 parties égales, et que par tous les points de division on mène des plans parallèles à la base, ces plans diviseront chacune des tranches dont nous venons de parler en 10 cubes ayant chacun 1 décimètre de côté. Donc, puisqu'il y a 100 tranches et que chaque tranche contient 10 décimètres cubes, le mètre contient $10 \times 100 = 1000$ décimètres cubes. On trouvera par le même raisonnement qu'un mètre cube contient $100 \times 10000 = 1$ million de centimètres cubes et 1000 × 1000000 = 1 billion de millimètres cubes. On voit par là que

1 *dixième de mètre cube contient* 100 *décimètres cubes*,

1 *centième de mètre cube contient* 10000 *centimètres cubes*,

Et 1 *millième de mètre cube* 1000000 *de millimètres cubes.*

Pour faire concevoir ce qu'on entend par un dixième de mètre cube, supposons qu'on divise la base d'un mètre cube en 10 rectangles égaux par 9 lignes de division perpendiculaires à un des côtés, et que par ces 9 lignes on mène des plans parallèles à la base. On divisera par cette construction le mètre cube en 10 parties égales; chacune aura 1 mètre de long et 1 mètre de large et 1 décimètre d'épaisseur, ce qui fait voir qu'un dixième de mètre cube peut être considéré comme un parallélipipède rectangle ayant pour base 1 mètre carré et pour hauteur 1 décimètre. On verrait par un raisonnement semblable qu'un millième de mètre cube peut être considéré comme un parallélipipède rectangle ayant 1 mètre carré de base et 1 centimètre d'épaisseur, etc.

Questionnaire. Qu'entend-on par cuber un solide? — Quelle est l'unité de mesure qu'on emploie? — Qu'est-ce que le mètre cube — Comment se subdivise-t-il? — Quelle différence y a-t-il entre le dixième de mètre cube et le décimètre cube? — Démontrez-le.

DEUXIÈME SECTION.

MESURE DES SOLIDES.

334. **PARALLÉLIPIPÈDE RECTANGLE.** — *Tout parallélipipède rectangle a pour mesure le produit de sa base par sa hauteur, ou le produit de ses trois dimensions.*

Exemple : Soit ABCDEFGH un parallélipipède rectangle (*fig.* 171) dans lequel on suppose les trois dimensions AE, EF et EH égales la première à 3 mètres, la deuxième à 5 mètres troisième à 4 mètres. On multipliera 4 par 5, ce qui donnera 20 pour la mesure de la base EFGH, et on multipliera ce nombre par 3. Le produit qu'on obtiendra ou 60 indiquera que le parallélipipède rectangle contient 60 mètres cubes.

On peut donner une démonstration élémentaire de ce théorème : Supposons que les trois lignes AE, EF et EH aient été divisées, la première en 3 parties égales, la deuxième en 5 et la troisième en 4. Si par tous les points de division de EF on mène dans le plan EFGH des perpendiculaires à cette ligne et qu'on mène aussi des perpendiculaires à EH par les points de division de cette ligne, on divisera la base EFGH, ainsi que nous l'avons vu dans la mesure des surfaces (205) en $5 \times 4 = 20$ mètres carrés ; et en menant par toutes les lignes de division, des plans perpendiculaires à cette base, on divisera le parallélipipède rectangle proposé en 20 tranches, ayant chacune 1 mètre carré pour base et 3 mètres pour hauteur. Enfin, si par tous les points de division de AE on mène des plans parallèles à EFGH, chacune de ces tranches se trouvera divisée en 3 parties égales, chacune à 1 mètre cube, et comme il y a 20 tranches, on trouvera que le parallélipipède rectangle contient $3 \times 20 = 60$ mètres cubes.

335. **PARALLÉLIPIPÈDE OBLIQUANGLE.** — On démontre que tout parallélipipède est équivalent à un parallélipipède rectangle de base équivalente et de même hauteur ; d'où résulte qu'*un parallélipipède quelconque a pour mesure le produit de sa base pour sa hauteur.*

Exemple : Soit ABCDEFGH un parallélipipède obliquangle (*fig.* 172) dans lequel la base EFGH est un parallélogramme.

On mènera une perpendiculaire MN entre les côtés EFGH pour avoir la hauteur de ce parallélogramme. Supposons que cette hauteur soit de 3,2 mètres et que EF soit de 5,7 mètres. On multipliera 3,2 par 5,7, ce qui donnera 18,24 mètres pour la surface de la base du parallélipipède. On abaissera ensuite une perpendiculaire OP d'un point O de la face ABCD sur le plan de la base EFGH, ce qu'on pourra faire en plaçant le parallélipipède sur un plan horizontal, et en déterminant soit au moyen d'un fil à plomb, soit par tout autre moyen, la distance verticale comprise entre ce plan horizontal et l'arête BC. Si l'on trouve que la perpendiculaire OP est, par exemple, de 1,4 mètres, on multipliera 18,24 par 1,4; le produit 25,536 indiquera que la solidité du parallélipipède est 25,536 mètres cubes.

336. **PRISME TRIANGULAIRE.** — On démontre que si l'on fait passer un plan par deux arêtes opposées AE, CG d'un parallélipipède (*fig.* 191), on divise ce parallélipipède en deux prismes triangulaires ABCEFG, ACDEGH équivalents entr'eux, ce qui du reste est en quelque sorte évident. On conclut de là qu'*un prisme triangulaire est la moitié d'un parallélipipède de base double et de même hauteur, et a par conséquent pour mesure le produit de sa base par sa hauteur.*

Exemple : Soit ABCDEF un prisme triangulaire qui a pour base un triangle DEF dont la base DE est de 3 mètres et la hauteur CH de 0,7 de mètre. On multipliera 3 par 0,7 et on prendra la moitié du produit pour avoir, d'après une règle connue (208), la surface du triangle DEF. Enfin, on multiplie le nombre 1,05 qui représente cette surface par la perpendiculaire MN menée entre les deux bases du prisme et que nous supposons de 7 mètres. On obtiendra par là 7,35 cubes pour la solidité du prisme. Si le prisme était droit, une des arêtes de sa face latérale, AD par exemple, serait elle-même la hauteur de ce prisme, et c'est cette arête qu'on multiplierait par la base.

337. **PRISME QUELCONQUE.** — Si l'on divise les deux bases d'un prisme quelconque par des diagonales, ainsi que l'indique la figure 173, et que par toutes ces diagonales on imagine des plans coupants, le prisme se trouvera divisé en prismes triangulaires ayant pour hauteur la hauteur du prisme, et pour base les différents triangles en lesquels la base du prisme a été décomposée. D'où il est facile de conclure qu'*un prisme quelconque a pour mesure le produit de sa base par sa hauteur.*

Il nous faudra donc, pour avoir la solidité du prisme ABCDEFGHIJ, calculer la surface de la base FGHIJ d'après la règle que nous avons donnée pour élever l'aire d'un polygone quelconque, et multiplier cette surface par la perpendiculaire MN menée entre les deux bases du prisme, ou par une de ses arêtes, AF par exemple, si le prisme est droit.

338. **PYRAMIDE.** — *Une pyramide quelconque a pour mesure le produit de sa base pour le tiers de sa hauteur.*

Ainsi, pour avoir la solidité de la pyramide SABCDE, on calculera la surface du polygone ABCDE, et l'on multipliera cette surface par le tiers de la distance SO du sommet à la base (*fig.* 174).

On peut avoir cette distance par le moyen suivant : On placera la base de la pyramide sur un plan horizontal, si elle ne s'y trouve pas déjà ; on appuiera une règle MN sur le sommet en la maintenant dans une position horizontale, et au moyen d'un fil à plomb on déterminera la distance RT d'un point R du bord inférieur de la règle au plan horizontal sur lequel repose la base; cette distance RT sera égale à SO e pourra être prise pour la *hauteur de la pyramide.*

339. **PYRAMIDE TRONQUÉE.**—On appelle *pyramid tronquée* une portion de pyramide ABCDE, *abcde* compris entre la base ABCDE et un plan coupant *abcde* parallèle à l base *(fig.* 175).

La section *abcde* formée par ce plan est un polygone sem blable à la base et s'appelle la *base supérieure* du tronc d pyramide. La portion OH de la hauteur SO de la pyramid comprise entre la base et le plan coupant s'appelle *hauteur* d tronc de pyramide. On peut encore définir cette hauteu la ligne qui mesure la distance des deux bases.

340. Il est évident que la pyramide tronquée n'est autr chose que la différence de deux pyramides dont on connaî les bases, savoir : la pyramide totale SABCDE et la pyramid S*abcde* comprise entre le plan coupant et le sommet. Si don on avait les hauteurs de ces deux pyramides, ce qui permet trait d'en évaluer les volumes, on n'aurait plus qu'à retranche ces deux volumes l'un de l'autre pour avoir celui de la pyramide tronquée. Cela posé, si l'on représente la hauteur total SO par Y, et par X la hauteur SH de la pyramide S*abcde*, on écrira la proportion $Y : X :: AB : ab$; d'où l'on tir $Y - X : X :: AB - ab : ab$. Mais $Y - X = HO$, don on aura $HO : X :: AB - ab : ab$, d'où $X = HO \times \frac{ab}{AB - ab}$ En remplaçant les lignes qui se trouvent dans cette expression par leurs valeurs en nombres, on aura la hauteu de la pyramide S*abcde*, et, en transportant cette valeur dans la première proportion, on obtiendra la hauteur de la pyramide totale. Le volume du tronc de pyramide sera ensuite facile à obtenir d'après ce que nous venons de dire.

Exemple : Supposons que AB contienne 15 mètres, *ab*

5 mètres et HO 20 mètres, on aura pour la valeur de X, $X = \frac{20 \times 5}{15 - 5} = \frac{100}{10} = 10$. En mettant cette valeur à la place de X dans la première proportion, il viendra $Y : 10 :: 15 : 5$, d'où $Y = \frac{10 \times 15}{5} = 30$. On multipliera ensuite la surface de la base ABCDE par le tiers de 30 ou de 10, ce qui donnera le volume de la pyramide totale, puis la surface de *abcde* par le tiers de 10, ce qui donnera le volume de S*abcde*. En retranchant le second produit du premier, on aura le volume de la pyramide tronquée.

341. **POLYÈDRE QUELCONQUE.** — Si par le sommet d'un polyèdre et par toutes les arêtes on fait passer des plans coupans, on divisera ce polyèdre en pyramides ayant toutes pour sommet celui par lequel passent tous les plans coupants et pour bases les différentes faces du polyèdre, non comprises celles qui aboutissent au sommet commun de cette pyramide. Il est évident d'ailleurs que les hauteurs de ces pyramides seront les distances du sommet commun aux différentes faces du polyèdre.

On pourra déterminer chacune de ces hauteurs en plaçant la face qui lui correspond sur un plan horizontal, en appuyant une règle horizontale sur le sommet commun et en mesurant au moyen d'un fil à plomb la distance de la règle au plan horizontal. Cette distance sera la hauteur cherchée. Quand toutes ces hauteurs auront été déterminées, on aura facilement le volume de toutes les pyramides en lesquelles le polyèdre se décompose, et en ajoutant tous ces volumes on obtiendra celui du polyèdre.

Il est facile de déduire la règle suivante de ce qui vient d'être dit :

Pour avoir le volume d'un polyèdre quelconque, il faut déterminer les distances d'un même sommet à toutes les faces du polyèdre, multiplier chaque distance par la face correspondante, additionner tous les produits obtenus et prendre le tiers de la somme.

342. **CYLINDRE.** — *Le cylindre a pour mesure le produit de sa base par sa hauteur*, car nous avons fait voir précédemment qu'un cylindre peut être regardé comme un prisme composé d'une infinité de faces latérales.

Exemple : Soient (*fig.* 142) un cylindre dans lequel le rayon de la base est de 3 mètres et la hauteur est de 5 mètres. On multipliera 3,1415 par le carré de 3 ou par 9, ce qui donnera 28,2735 mètres pour la surface de la base (213) et l'on multipliera ce produit par 5. Il viendra 141,3675 mètres cubes pour le volume du cylindre.

343. **CONE.** — *Un cône pouvant être considéré comme une pyramide composée d'une infinité de faces latérales a pour mesure le produit de sa base par le tiers de sa hauteur.*

La surface de la base s'obtiendra comme dans l'exemple précédent, en multipliant le carré du rayon par le rapport de la circonférence au diamètre. On multipliera ensuite cette surface par le tiers de la hauteur du cône.

344. **CONE TRONQUÉ.** — Pour avoir le volume du tronc de cône, on le considèrera comme la différence de deux cônes, et l'on cherchera les hauteurs de ces deux cônes par un calcul analogue à celui employé pour trouver les hauteurs des deux pyramides, dont une pyramide tronquée est la différence (340). Pour faire ce calcul, on remplacera la hauteur de la pyramide par la hauteur du tronc de cône, et les côtés homologues des deux bases du tronc de pyramide par les rayons des deux bases du tronc de cône, c'est-à-dire que si l'on représente par Y la hauteur du cône total, par X la hauteur

du petit cône, par R les rayons des deux bases et par H la hauteur du tronc de cône on aura $X = \frac{H \times 2}{R - 2}$. En portant ensuite cette valeur dans la proportion $Y : X :: R : 2$ on obtiendra la valeur de Y. On multipliera ensuite le tiers de Y par la base inférieure, puis le tiers de X par la base supérieure, et l'on retranchera ces deux produits l'un de l'autre.

345. SPHÈRE. — De même qu'on peut considérer un cylindre comme un prisme composé d'une infinité de faces latérales, de même on peut regarder une sphère comme un polyèdre composé d'une infinité de faces latérales infiniment petites. Cela posé, si par le centre de la sphère et par tous les côtés de ses faces on imagine des plans coupants, la sphère se trouvera divisée en une infinité de pyramides ayant pour base les faces planes infiniment petites dont se compose la surface de la sphère, pour sommet commun le centre de la sphère et pour hauteur commune le rayon de la sphère. Chacune de ces pyramides ayant pour mesure le produit de sa base par le tiers de sa hauteur, et les hauteurs de ces pyramides étant égales, la somme de toutes ces pyramides ou le volume de la sphère aura pour mesure la somme de toutes les bases ou la surface de la sphère multipliée par le tiers de la hauteur commune ou le tiers du rayon, donc :

Le volume de la sphère est égal à la surface de la sphère multipliée par le tiers du rayon.

Supposons, par exemple, qu'une sphère ait 6 mètres de rayon ; on multipliera 6^2 par 3,1415 ce qui donnera 113,1940 pour la surface d'un grand cercle ; on multipliera ensuite ce nombre par 4 pour avoir la surface de la sphère (329) ce qui donnera 452,7760; enfin, on multipliera cette surface par le tiers du rayon ou par 2, et l'on obtiendra 805,5520 mètres cubes pour le volume de la sphère.

346. Pour avoir la solidité d'un segment sphérique, il faut multiplier la demi-somme des bases par la hauteur et y ajouter la solidité d'une sphère qui aurait cette hauteur pour diamètre.

RAPPORT DES SOLIDES SEMBLABLES.

347. *Deux solides semblables sont entr'eux comme les cubes de leurs dimensions homologues.* Ainsi deux cubes sont entr'eux comme les cubes de leurs côtés, c'est-à-dire que si l'un des cubes avait 6 mètres de côté et l'autre 2 mètres, le plus grand serait au plus petit, non pas comme 6 : 2, mais comme 6^3 : 2^3, c'est-à-dire comme 216 : 8 ; en sorte que le premier serait 27 fois plus grand que le second. De même, deux sphères quelconques qui peuvent être considérées comme deux solides semblables sont entr'elles comme les cubes de leurs rayons ; en sorte que si une sphère avait un rayon 5 fois plus grand que celui de l'autre, elle serait 125 fois plus grande.

QUESTIONNAIRE. Comment trouve-t-on la solidité du parallélipipède rectangle ? — ..... du parallélipipède obliquangle ? — ..... du prisme triangulaire ? — ..... d'un prisme quelconque ? — ..... de la pyramide ? — .... de la pyramide tronquée ? — ..... d'un polyèdre quelconque ? — ..... du cylindre ? — ..... du cône ? — ..... du cône tronqué ? — .... de la sphère ? — .... du segment sphérique ? — .... de l'onglet sphérique ? — Quel est le rapport des solides semblables ?

FIN DES NOTIONS GÉOMÉTRIQUES.

DEUXIÈME PARTIE.

DESSIN LINÉAIRE.

PRÉCIS DE GÉOMÉTRIE DESCRIPTIVE ET DE PERSPECTIVE

NÉCESSAIRES A L'INTELLIGENCE DES PRINCIPES DU DESSIN.

CHAPITRE I.

GÉOMÉTRIE DESCRIPTIVE.

347. **GÉOMÉTRIE DESCRIPTIVE.** — La *Géométrie descriptive* a pour objet d'exposer les méthodes au moyen desquelles on représente des figures géométriques à trois dimensions, par des figures planes tracées sur un même plan.

348. **PROJECTION D'UN POINT.** — On appelle *projection d'un point* A sur un plan MN, le pied *a* de la perpendiculaire A abaissée du point sur le plan (*fig.* 1, *planche* 12).

La *projection d'une ligne quelconque droite* ou *courbe* est l'ensemble des projections de tous ses points. Ainsi pour concevoir ce qu'on doit entendre par la projection de la courbe ABD sur un plan MN (*fig.* 2), il faut supposer que de tous les points A, B, D de cette courbe on abaisse des perpendiculaires sur le plan MN; les pieds *a*, *b*, *d* et *c* formeront par leur ensemble une courbe *a b d* qui sera la projection de la courbe ABD. Les perpendiculaires A*a*, B*b*, etc., forment généralement par leur ensemble une surface cylindrique (279), puisque toutes ces droites sont parallèles et s'appuient sur une même courbe. Cette surface cylindrique prend ici le nom de cylindre projetant.

La *projection d'un corps* est l'ensemble des projections de tous les points de la surface de ce corps (*fig.* 3). Il suffit de marquer le contour de cette projection totale ainsi que les projections des points et lignes remarquables tracés sur la surface du corps.

Si l'on a, par exemple, à projeter un polyèdre, il suffira de projeter les sommets et les arêtes. Le plan sur lequel on projette une figure quelconque s'appelle *plan de projection.*

349. La projection d'une droite AB est toujours une autre droite *ab* (*fig.* 4); car si de tous les points de la ligne AB on abaisse des perpendiculaires sur le plan de projection, ces perpendiculaires étant toutes parallèles, seront dans un même plan qu'on appelle le *plan projetant* de la droite proposée, et il est évident que la projection de cette droite ne sera autre chose que l'intersection de son plan projetant avec le plan de projection.

350. La position d'un point dans l'espace est déterminée quand on connaît ses projections sur deux plans qui se coupent.

En effet, soit MN et PQ les deux plans de projection (*fig.* 5), A le point proposé et a et a' les projections de ce point sur les plans MN et PQ. Si par le point a on élève une perpendiculaire ao au plan MN, et si par le point $a'o'$ on élève une perpendiculaire $a'o'$ au plan PQ, ces deux droites devront passer toutes deux par le point A et le détermineront par leur intersection.

Il résulte de là *que lorsqu'on connaît les projections d'un corps sur deux plans qui se coupent, on peut retrouver les positions de tous les points de ce corps dans l'espace et construire ce corps.* C'est ainsi que les architectes donnent aux constructeurs les projections d'un édifice sur un plan horizontal et sur un plan vertical, et que ces projections suffisent aux ouvriers pour construire l'édifice tel qu'il doit être.

351. Les plans de projection peuvent avoir des directions quelconques, mais on prend toujours deux plans perpendiculaires entr'eux; de plus on suppose ordinairement qu'un de ces plans est horizontal et l'autre vertical.

352. Suivant qu'une droite est parallèle au plan horizontal ou qu'elle lui est perpendiculaire, on dit qu'elle est *horizontale* ou *verticale*, et chaque projection prend le nom du plan qui la renferme. Par exemple, les projections situées sur le plan horizontal sont des projections horizontales.

353. **EPURE.** — Le dessin qui contient toutes les constructions d'un problème de géométrie descriptive se nomme une *épure.*

354. **LIGNE DE TERRE.** — L'intersection MQ (*fig.* 5), commune des deux plans d'intersection s'appelle la *ligne de terre.*

355. Deux points quelconques pris sur les plans de projection ne sont pas toujours les projections d'un même point de l'espace, car il faut pour cela que les perpendiculaires menées par ces points aux plans de projection se rencontrent ou soient dans un même plan.

Pour que cette condition soit remplie, il faut et il suffit que les perpendiculaires ap, $a'p$, abaissées des deux points proposés a, a', sur la ligne de terre MQ, passe par un même point p de cette droite.

356. Quand les deux plans de projection sont perpendiculaires entr'eux, les deux perpendiculaires abaissées des projections d'un même point sur la ligne de terre, jouissent d'une propriété fort remarquable, et qu'il faut toujours avoir présente à la mémoire quand on projette une figure. Cette propriété est la suivante :

La perpendiculaire abaissée de la projection horizontale d'un point sur la ligne de terre est égale à la distance de ce point au plan vertical, et la perpendiculaire abaissée de la projection verticale sur la ligne de terre est égale à la distance du même point proposé au plan horizontal. Ainsi dans la figure précédente $a'p = Aa$ et $ap = Aa'$.

357. Si dans la figure 5 on fait tourner le plan vertical autour de la ligne de terre pour le rabattre sur le prolongement PQ du plan horizontal, la ligne $a'P$ ne cessera pas d'être perpendiculaire à la ligne de terre et tombera sur le prolongement de la ligne $a''p$; de plus, il est évident que le dessin tracé sur le plan vertical ne changera aucunement. On pourra donc exécuter toutes les constructions sur un même plan et il suffira d'indiquer sur ce plan la ligne de terre. Mais pour concevoir nettement la position des points de l'espace représentés par les projections horizontales et verticales, il faut

toujours remettre par la pensée le plan vertical dans sa vraie situation.

Il résulte de ce qui vient d'être dit, que *lorsque les deux plans de projection sont rabattus sur un même plan, les projections* a' *et* a *d'un même point se trouvent sur une même droite* aa', *perpendiculaire à la ligne de terre XY* (fig. 6).

Si donc on a les projections a, b, c et a', b', c' d'une même ligne quelconque (*fig.* 7) et qu'on veuille prendre sur ces deux projections deux points qui soient les projections d'un même point de la ligne proposée, il suffira de mener une perpendiculaire à la ligne de terre, et les points b et b' où cette perpendiculaire coupera les deux projections seront les projections d'un point appartenant à la ligne proposée.

358. Quand on connaît la projection d'un point sur un des plans de projection et sa distance à ce plan, il est facile d'en déduire la projection du même point sur l'autre plan de projection.

En effet, soit a la projection horizontale d'un point (*fig.* 6), XY la ligne de terre, et mn la distance du point proposé au plan horizontal. Abaissez du point a une perpendiculaire ap sur la ligne de terre a, et prolongez-la d'une quantité pa' égale à mn. Le point a sera, d'après ce qui a été dit plus haut, la projection verticale du point proposé.

Cette remarque fournit un moyen facile de déterminer les projections horizontales et verticales d'un édifice.

359. Par les procédés qui seront indiqués dans l'Arpentage, on pourra déterminer l'intersection des murs de l'édifice par un plan horizontal qu'on prendra pour un des plans de projection. Cette intersection est ce qu'on appelle le *plan de l'édifice*. On pourra de plus, au moyen d'un fil-à-plomb, déterminer les

pieds des perpendiculaires abaissées de tous les points remarquables de l'édifice sur le plan horizontal, c'est-à-dire qu'on obtiendra les projections horizontales de ces points. Et si l'on mesure les distances de tous ces points au plan horizontal, on obtiendra par la construction précédente leur projection verticale.

Ces principes suffisent dans beaucoup de cas pour déterminer les projections d'un objet. D'ailleurs les limites de cet ouvrage ne nous permettent pas d'entrer dans de plus grands détails.

Questionnaire. Qu'est-ce que la géométrie descriptive? — Qu'appelle-t-on projection d'un point, d'une ligne, d'un corps? — Qu'est-ce qu'une épure? — Que nomme-t-on ligne de terre? — Qu'appelle-t-on plan vertical, plan horizontal? — Enoncez les propositions ci-dessus.

CHAPITRE II.

PERSPECTIVE.

PRINCIPES FONDAMENTAUX.

360. PERSPECTIVE. — La *perspective* est l'art de représenter les objets tels qu'on les voit. Cette science se divise en

deux parties distinctes : la *perspective linéaire* et la *perspective aérienne.* La perspective linéaire enseigne à déterminer le contour et la position des points remarquables du dessin. La perspective aérienne est l'art d'appliquer sur chaque point du dessin un point coloré de la même nuance que le point correspondant de l'objet qu'on veut représenter ; ou, en d'autres termes, la perspective aérienne donne la dégradation des ombres et de la lumière.

Dans ce précis nous ne parlerons que de la perspective linéaire.

361. Toutes les opérations de la perspective linéaire reviennent à déterminer les différents points où une surface est rencontrée par des droites partant d'un même point et aboutissant aux divers points de l'objet qu'on veut mettre en perspective.

Soit ABCDEFG (*fig.* 8) un corps quelconque vu du point O, et supposons qu'on veuille sur un plan le représenter tel qu'on le voit. Plaçons ce plan MN entre l'œil et l'objet dans la position qu'il doit avoir par rapport au spectateur. Si par le point O, c'est-à-dire par le centre de l'œil on mène des droites OA, OB, OC, et c, à tous les points de l'objet, ces droites rencontreront le plan MN aux points *a*, *b*, *c*, etc., et si l'on appliquait sur chacun de ces points un point coloré de la même nuance que le point correspondant de l'objet, il est évident que le dessin *abcdefg* enverrait à l'œil placé en O les mêmes rayons lumineux que l'objet lui-même; par exemple, le point *a* enverrait à l'œil le rayon *a*O qui aurait la même direction et la même nuance que le rayon AO, de telle sorte que si la dégradation des teintes était bien observée l'illusion serait complète, et l'observateur qui n'apercevrait que le dessin croirait avoir l'objet lui-même devant les yeux.

La figure *abcdefg* s'appelle la *perspective* de l'objet ABCD EFG, et les points *a*, *b*, *c*, etc., sont appelés les perspectives des points A, B, C, etc.; le plan MN sur lequel on représente l'objet se nomme le *tableau.*

On voit d'après cela qu'on peut ainsi définir la perspective d'un point quelconque *l'endroit du tableau où son plan est traversé par la droite qui va de ce point à l'œil.*

362. POINT DE VUE. — Le point O où l'œil est sensé placé doit toujours être déterminé de position par rapport au tableau, car la perspective change de forme et de dimensions lorsque ce point se déplace. On le détermine en donnant sa distance au tableau, et le pied de la perpendiculaire abaissée de ce point sur le tableau. — Le pied de cette perpendiculaire s'appelle le *point de vue.*

Il est évident que si l'on savait trouver la perspective d'un point quelconque, on pourrait déterminer celle d'un objet donné, puisque l'on pourrait mettre successivement tous ses points les plus remarquables en perspective.

363. PLAN OBJECTIF. — LIGNE DE TERRE. — Ordinairement on suppose le plan du tableau dans une position verticale, et l'objet placé sur un plan horizontal SQ qu'on appelle le *plan objectif.* Ce plan coupe le plan du tableau suivant, une droite XY qu'on appelle la *ligne de terre.*

364. PROBLÈME 1er. — *Déterminer la perspective d'un point A pris sur le plan objectif* (fig. 9).

Abaissons du point A une droite AP perpendiculaire sur la ligne de terre XY, et du point O où l'œil est placé une perpendiculaire OV sur le tableau, en d'autres termes déterminons les projections P et V du point A et du point O sur le plan MN. Si par les droites OV et AP qui sont parallèles comme perpendiculaires à un même plan MN, on mène un plan, ce plan coupera celui MN suivant la droite VO et contiendra la droite AO, en sorte que la perspective du point A ne sera autre chose que le point d'intersection des droites AO et VP. Pour déterminer ce point, remarquons que les deux triangles V*a*O et A*a*P étant semblables, puisqu'ils ont leurs angles égaux chacun à chacun on a la proportion V*a* : *a*P :: VO : AP; mais si par le point V on mène une droite VO' parallèle à la ligne de terre et égale à VO, si sur la ligne de terre on prend une quantité PP' égale à AP, et si l'on joint le point P' au point O', les deux triangles O'V*a*, P*a*P' qui en résulteront, seront encore semblables, et l'on aura la proportion V*a* : *a*P :: VO' : PP', ou comme VO : AP, d'où résulte que la droite O'P' coupe la droite VP au même point que la droite AO.

365. PROBLÈME 2°. — *Déterminer la perspective d'un point A pris au-dessus du plan objectif* (fig. 10).

Soit O le point où l'œil est placé. Abaissons des points O et A, les perpendiculaires OV et AP sur le plan MN, et faisons passer un plan par ces droites, ce plan coupera le plan MN suivant la droite VP, et contiendra la droite AO puisqu'il aura deux points O et A de commun avec elle. Donc la droite AO ne pourra rencontrer le plan MN qu'en un point pris sur la ligne VP; en sorte que la perspective du point A ne sera autre chose que le point d'intersection *a* des droites VP et AO. Les triangles *a*VO, *a*AP étant semblables donnent la proportion V*a* : *a*P :: VO : AP; mais si par les points V et P on mène les droites VO' et PP' parallèles à la ligne de terre XY, et respectivement égales aux lignes VO et AP, et qu'on joigne le point O' au point P', la droite O'P' coupera VP au point *a*, car les triangles VO'*a* et PP'*a* étant semblables, on a encore V*a* : *a*P :: VO' : PP' ou VO : AP. Cette droite O'P' facile à tracer quand on connaîtra la perpendiculaire AP, déterminera donc sur la ligne VP la perspective du point A.

On suppose dans ce problème que l'on connaisse la distance AP du point A au plan du tableau, ainsi que la projection du point A sur le plan du tableau. Mais on peut donner aussi la distance AQ du point A au plan objectif, et la projection Q du point A sur le même plan, car on en peut déduire la ligne AP et le point P. En effet, si du point Q on abaisse une perpendiculaire sur la ligne de terre, et que par le point R on élève dans le plan MN une ligne égale à AQ et perpendiculaire à la ligne de terre, l'extrémité de cette ligne tombera évidemment au point P, et QR sera égale à AP. Enfin, on peut encore résoudre le problème connaissant les projections des P et Q du point A sur le tableau et sur le plan objectif, car la perpendiculaire abaissée du point Q sur la ligne de terre déterminera AP ou PP'.

367. LIGNE D'HORIZON. — Nous voyons d'après ce qui vient d'être dit, que dans tout problème de perspective il faut mener par le point de vue une parallèle à la ligne de terre, et prendre sur cette parallèle un point O' situé à une distance VO' du point de vue égal à la distance VO de l'œil au plan du tableau. La ligne VO' s'appelle la *ligne d'horizon*, et le point O', le *point de distance.*

366. Si dans le premier problème on fait tourner le plan objectif SXY autour de XY pour le rabattre sur le prolongement du plan MN, le point A tombera en A', et la ligne AP qui tombera suivant A'P ne cessera pas d'être perpendiculaire à la ligne de terre; on pourra donc effectuer toutes les constructions sur le plan du tableau lui-même, si l'on donne sur ce plan au-dessous de la ligne de terre les points qu'il s'agit de mettre en perspective dans les positions qu'ils ont sur le plan

objectif. Mais pour ne pas se tromper dans la position de ces points, il faut toujours se représenter le plan objectif dans la position qu'il doit réellement avoir, et le rabattre ensuite par la pensée sur le plan du tableau; en d'autres termes, on doit tracer sur la partie XYZ du tableau la figure tracée sur le plan objectif, telle qu'on la verrait si ce plan était transparent et qu'on regardât par dessous; car lorsqu'on a rabattu le plan objectif, la figure tracée sur ce plan vient se placer derrière le plan du tableau, du côté opposé au spectateur.

368. De même, si dans le second problème on fait tourner le plan objectif SXY autour de la ligne de terre pour le rabattre sur le prolongement du plan du tableau, le point Q tombera sur un certain point Q', et la droite RQ suivant une droite RQ' perpendiculaire à XY, on pourra donc effectuer toutes les constructions sur le plan du tableau, si l'on connaît les projections des points proposés sur le plan du tableau au-dessus de la ligne de terre, et si l'on a placé au dessous de la ligne de terre et sur le même plan les projections des mêmes points sur le plan objectif, en donnant à ces projections les positions relatives qu'elles ont sur le plan objectif. Pour ne pas se tromper en plaçant ces dernières projections sur le plan du tableau, il faut se rappeler que lorsque le plan objectif est rabattu sur le plan du tableau, si l'on suppose que les points que l'on veut mettre en perspective tournent avec le plan objectif, ces points viendront se placer derrière le plan du tableau, et leurs projections tomberont aussi derrière ce plan; en sorte qu'on doit placer ces projections sur le plan du tableau au-dessous de la ligne de terre, telles qu'on les verrait si l'on regardait le plan objectif par dessous, et que ce plan fut transparent.

369. D'après ces considérations, nous pouvons donner les deux règles suivantes, pour résoudre les deux problèmes dont nous venons d'exposer la théorie:

1er Problème. — Soit MNXY le plan du tableau (*fig.* 11), XY la ligne de terre, XYRT le plan objectif rabattu sur le plan du tableau, A le point pris sur le plan objectif qu'il s'agit de mettre en perspective, V le point de vue, HR la ligne horizontale, et D le point de distance. Abaissez du point A la perpendiculaire AO sur XY, prenez OA' égale à OA, et tirez les droites VO, DA'. *Le point d'intersection* a *de ces deux droites sera la perspective d'un point A.*

2me Problème. — Soient P et Q les projections du point de l'espace qu'on veut mettre en perspective, lesquels points doivent se trouver, comme nous l'avons vu dans la géométrie descriptive, sur une même ligne QP perpendiculaire à la ligne de terre. Par le point Q, tirez QP' parallèle à XY et égale à OP, et menez les droites DP, VQ; *le point* a *d'intersection de ces deux droites sera la perspective du point proposé.*

Remarque. Si l'on n'avait que la projection P (*fig.* 12) du point proposé sur le plan objectif, mais que l'on connût en même temps sa distance à ce plan, on abaisserait PO perpendiculaire sur XY, et l'on prolongerait cette droite d'une quantité OQ égale à la distance du point proposé au plan objectif. On déterminerait par-là la projection Q du même point sur le plan du tableau, et le reste s'achèverait comme ci-dessus.

360. Les deux problèmes précédens pourront suffire à la rigueur pour résoudre tous les problèmes de perspective, mais on peut, dans plusieurs cas particuliers, abréger les constructions au moyens de quelques principes que nous allons exposer.

1er Principe. — *La perspective d'une ligne droite est une ligne droite.* En effet, si par le centre de l'œil on mène des droites à tous les points de la droite proposée AB, ces lignes seront dans un même plan, et tous les points ou elles perceront le plan du tableau, se trouveront sur la ligne d'intersection *ab* du plan qui les contient toutes avec le plan du tableau (*fig.* 13).

2me Principe. — *Lorsqu'on connaît les perspectives* a, b *des extrémités d'une droite, il suffit de joindre ces deux points par une droite* a b, *pour avoir la perspective de la droite proposée AB* (*fig.* 13).

3me Principe. *La perspective d'une droite AP perpendiculaire au plan du tableau (fig.* 14*) est une droite* Pa *qui part du pied P de cette perpendiculaire, et qui prolongée passe par le point de vue.*

Soit en effet AP une perpendiculaire au plan du tableau, et O le centre de l'œil. Si par OV et AP on mène un plan, ce plan coupera le tableau suivant la droite VP; et toutes les droites menées du point O à la droite AP couperont le plan du tableau sur la droite VP. Donc, la perspective de la droite AP se trouve sur une droite VP qui part du point P, et qui passe par le point de vue.

De plus, une des extrémités de cette perspective est le point P, et l'autre extrémité toujours comprise entre le point P et le point V, s'approche indéfiniment de ce dernier point, au fur et à mesure que la droite AP augmente de longueur. En effet, le point P étant sur le plan du tableau est lui-même sa propre perspective; donc la perspective de la droite AP commence au point P. En second lieu, si l'on joint le point O au point A, il est évident que la ligne OA qui sera toujours comprise entre les parallèles VO et AP, coupera la droite VP en un point *a* situé entre V et P. Donc, la perspective de la droite AP est une droite *a*P située sur VP, mais plus petite que cette dernière droite. Si l'on considère ensuite une ligne A'P plus grande que AP, l'extrémité A' de sa perspective s'approchera davantage du point V que *a*, et il est évident qu'en prenant le point A' à une distance assez grande du plan du tableau, sa perspective s'approchera autant qu'on voudra du point V, sans pouvoir ja mais l'atteindre, à moins que la droite A'P ne soit infinie.

Si la droite perpendiculaire au plan du tableau ne s'éten dait pas jusqu'à ce plan, comme la droite AB par exemple sa perspective *ab* n'aurait plus une de ses extrémités au poi P, mais étant prolongée elle devrait toujours passer par le points V et P.

On reconnaît qu'une droite est perpendiculaire au plan d tableau quand sa projection sur le plan du tableau se réduit un point et que sa projection sur le plan objectif est perpen diculaire à la ligne de terre.

4e Principe. — *Les perspectives des droites AB, CD* (fig. 15) *parallèles entr'elles et au plan du tableau son deux droites* ab, cd *parallèles entr'elles et qui sont infinie si les droites AB et CD le sont.*

On reconnaîtra que deux droites sont parallèles entr'elle et au plan du tableau quand leurs projections sont parallèle tant sur le plan objectif que sur le plan du tableau, et qu leurs projections sur le plan objectif seront parallèles à la lign de terre.

5e Principe. — *La perspective de toute droite parallèl à la ligne de terre est parallèle elle-même à la ligne d terre.*

On reconnaîtra qu'une droite est parallèle à la ligne de terr lorsque ses projections seront parallèles à la ligne de terre.

6e Principe. — *Les perspectives de deux droites AB, CD* (fig. 16) *parallèles entr'elles, mais qui ne sont pa parallèles au plan du tableau, sont deux droites* ab, c *qui, prolongées, passent par un même point F qui est l point où le plan du tableau est rencontré par une droite OF menée par le centre de l'œil, parallèlement aux droites pro-*

posées. En effet, le plan qui passe par OF et par AB, coupe le plan du tableau, suivant une droite *b*F sur laquelle doit se trouver la perspective de AB. De même, le plan qui passe par OF et par CD coupe le plan du tableau, suivant une droite *d*F qui passe aussi par le point F et sur laquelle doit se trouver la perspective de CD. Donc les deux perspectives *ab*, *cd* se trouvent sur deux droites passant toutes deux par le point F. De plus, les extrémités *a* et *c* de ces deux perspectives n'atteignent jamais le point F, mais s'en approchent indéfiniment au fur et à mesure qu'on prolonge les droites AB, CD; car toute ligne menée du point O à un point quelconque de AB, A par exemple, étant toujours comprise entre AB, OF, coupera la ligne *b*F en un point situé à quelque distance du point F.

370. POINT DE FUITE. — On voit par ce qui précède que *les perspectives d'un nombre quelconque de droites parallèles entr'elles et qui coupent le plan du tableau, convergent vers un même point.* Ce point s'appelle le *point de fuite.*

On reconnaîtra que deux droites sont parallèles lorsque leurs projections horizontales seront parallèles ainsi que leurs projections verticales.

Nous allons donner la règle à suivre pour déterminer le point de fuite.

Soient AB, CD, EF (*fig.* 17), les projections des droites parallèles proposées sur le plan objectif et A'B', C'D', E'F', les projections des mêmes droites sur le plan du tableau; enfin, soient V le point de vue et D le point de distance. Du point V abaissez VP perpendiculaire sur XY, prenez PH égale à VD; par le point H menez HO parallèle aux projections des droites proposées sur le plan objectif, et VO' parallèle aux projections des mêmes droites sur ce plan du tableau, et par le point O élevez OO' perpendiculaire à XY jusqu'à la rencontre de VO' en un point O' qui sera le point de fuite cherché.

6° Principe. — *La perspective d'une droite perpendiculaire au plan objectif est perpendiculaire à la ligne de terre.*

Questionnaire. Qu'est-ce que la perspective? — A quoi se réduisent toutes les opérations de la perspective linéaire? — Qu'est-ce que le point de vue? — .... le plan objectif? — .... la ligne de terre? — Comment détermine-t-on la perspective d'un A pris sur le plan objectif? — Qu'appelle-t-on ligne d'horizon? — Énoncez les différents principes qui servent de base à la solution de tous les problèmes de perspective? — Qu'appelle-t-on point de fuite?

DEUXIÈME SECTION.

APPLICATIONS DES PRINCIPES DE LA PERSPECTIVE A QUELQUES EXEMPLES.

371. 1er Exercice. — *Mettre en perspective un carré ABCE situé sur le plan objectif* (fig. 18) *et dont un côté est parallèle à la ligne de terre.*

Prolongez les côtés perpendiculaires à la ligne de terre jusqu'à la rencontre de cette ligne aux points I et H, et joignez les points I et H au point de vue par les droites IV et HV; les perspectives des côtés ABCE devront se trouver d'après le 3me principe sur IV et VH. Déterminez les perspectives *a* et *b* des points A et B au moyen du problème 1er, et menez par les points *a* et *b* des droites *ae*, *bc* parallèles à la ligne de terre. Ces droites seront les perspectives des côtés AE, BC en vertu du 5me principe, en sorte que *abce* sera la perspective de ABCE.

2ᵉ Exercice. — *Mettre en perspective un polygone quelconque ABCDEF* (fig. 19).

Déterminez les perspectives *a*, *b*, *c*, *d*, *e*, *f* de tous les sommets et joignez ces sommets par des droites. Le polygone *abcdef* sera la perspective demandée.

3ᵉ Exercice. — *Mettre en perspective un cercle placé sur un plan horizontal* (fig. 20).

Partagez la circonférence du cercle en un nombre quelconque de parties égales, cherchez la perspective de chacun des points de division, et faites passer une courbe par toutes ces perspectives. Cette courbe qui devra être une ellipse sera la perspective demandée.

4ᵉ Exercice. — *Mettre en perspective un parquet composé de carrés* (fig. 21) *ayant chacun un côté parallèle à la ligne de terre.*

Après avoir déterminé le point A où la ligne de terre est rencontrée par le côté AB du parquet qui lui est perpendiculaire ; portez à partir du point A sur la ligne de terre une longueur AC égale au côté EF du parquet parallèle à la ligne de terre et divisez cette ligne en autant de parties égales que le côté EF contient de carrés ; joignez les points de division au point de vue par des droites sur lesquelles devront se trouver les perspectives des droites perpendiculaires à la ligne de terre ; prolongez AC d'une quantité CH égale à CF, et menez DH qui coupera VC en un point *f* ; ce point sera la perspective du point F d'après le problème 1ᵉʳ, et comme FE est parallèle à la ligne de terre, *fe* menée parallèlement à cette ligne sera la perspective de FE. On pourrait déterminer de la même manière la perspective d'un point de la ligne IM, mais remarquons que nous avons cette perspective. En effet, PH étant évidemment égale à OP, le point *g* où DH coupe VP est la perspective du point *o*. Si donc par le point *o* on mène une parallèle à la ligne de terre, on aura la perspective de IM. On déterminera de la même manière les perspectives des autres droites parallèles à la ligne de terre, et la figure *efgb* sera la perspective du parquet.

5° Exercice. — *Déterminer la perspective d'un cube placé sur le plan objectif parallèlement au tableau* (fig. 22).

Soit ABCE la base du cube. Cherchez la perspective *abce* de ce carré, et construisez des carrés sur *ab* et *ce* ; ces carrés seront les perspectives des faces du cube parallèles au tableau. Si donc on mène les droites *fh* et *gi*, on aura la perspective demandée; mais dans cette perspective les droites *hc*, *ce*, *ac*, *oc* doivent être effacées quand la construction est achevée.

Au moyen des principes que nous venons d'exposer, on obtiendra facilement les perspectives données comme exemples dans la figure 23.

Questionnaire. Comment met-on en perspective un carré situé sur le plan objectif et dont un côté est parallèle à la ligne de terre? — .... un polygone quelconque ? — .... un cercle placé sur un plan horizontal ? — ... un parquet composé de carrés ? — ... Déterminez la perspective d'un cube placé sur ce plan objectif parallèlement au plan du tableau ?

CHAPITRE III.

DU DESSIN LINÉAIRE EN GÉNÉRAL.

EMPLOI ET VÉRIFICATION DES INSTRUMENTS.

372. **DESSIN LINÉAIRE.** — Le *dessin linéaire* a pour objet de représenter au moyen de lignes ou traits les différents objets de la nature et des arts.

On distingue deux sortes de dessin linéaire : Le dessin linéaire *à vue* ou *sans instruments*, et le dessin linéaire *graphique* ou *avec des instruments.*

Le dessin linéaire *à vue* exerce l'adresse des doigts, donne de la justesse au coup-d'œil, de la hardiesse à la main, de la grâce et du moëlleux aux contours.

Le dessin linéaire *graphique* ou *tracé géométrique* est basé sur les principes de la géométrie. Il exige une précision rigoureuse et une grande pureté dans le trait.

373. Les instruments nécessaires pour le dessin linéaire graphique sont la *règle*, l'*équerre*, le *compas*, le *rapporteur*, le *double décimètre*, la *planchette* pour coller les feuilles, le *pistolet* et le *té* (planche n° 26). Nous parlerons à l'*arpentage* de l'échelle de proportion.

1° Règle. — Les *règles* doivent être plates et en bois dur. Celles dont on se sert pour tracer les lignes doivent avoir un *biseau* d'un côté ; car lorsqu'il n'y en a point, en traçant une ligne avec la plume, l'encre dépose souvent sur le papier, à moins que le bec ne soit éloigné de la règle, et dans ce cas la ligne peut n'être pas bien droite, surtout si l'on n'a pas la main sûre.

Pour vérifier la rectitude d'une règle, on l'applique sur deux points aussi éloignés que possible, et on tire une ligne le long de cette règle. Cette ligne, si elle est droite, doit se confondre avec celle qu'on mènera de la même manière entre les deux mêmes points, *après avoir retourné la règle* (fig. 2).

2° Équerre. — L'*équerre* est un instrument en bois ou en cuivre qui sert de moule pour tous les angles droits qu'on veut construire sur un plan (*fig.* 4).

On peut construire facilement des équerres très exactes en

papier ou plutôt en parchemin. Celles-ci sont plus solides, et peuvent servir d'étalon permanent propre à vérifier les équerres solides.

Pour s'assurer de l'exactitude d'une équerre on fait un angle droit par son moyen ; on prolonge l'un des côtés de cet angle de l'autre côté du sommet, on applique de nouveau l'un des côtés de l'équerre contre la ligne prolongée ; si l'équerre est juste, l'autre côté se confondra avec celui du premier angle.

3° COMPAS. — Tout le monde connaît l'instrument qu'on appelle *compas*. Pour qu'il soit bon, il faut que le mouvement des branches soit doux et la charnière suffisamment serrée : trop raide, il est difficile de prendre des mesures exactes ; trop libre, l'écartement des branches varie sans qu'on s'en aperçoive et occasionne des erreurs ; pour les pointes, il faut qu'elles soient fines et qu'elles n'égratignent pas le papier en décrivant les arcs.

Le *tire-ligne* doit avoir aussi des pointes très minces, sans cependant couper ni égratigner le papier. Lorsqu'elles sont émoussées, il faut avoir soin de les éguiser avec une pierre à rasoir et les bien égaliser. On se sert ordinairement d'une plume pour y mettre de l'encre de Chine, et l'on a soin de l'essuyer avec un linge dès qu'on n'en a plus besoin.

4° RAPPORTEUR. — Le *rapporteur* (*fig.* 5) est un instrument dont on se sert pour mesurer et rapporter les angles sur le papier. On le construit avec un demi-cercle de corne transparente ou de cuivre évidé, ayant de 6 à 12 centimètres de diamètre. Le bord se nomme le *limbe* de l'instrument et est divisé en 180 parties égales ou degrés d'après la division sexagésimale, ou en 200 grades, selon la division centésimale (81, 82 et 83). On nomme *ligne de foi* le diamètre du rapporteur dont les extrémités sont marquées 0° — 180° ou 0^{gr} — 200^{gr}.

Pour connaître la valeur d'un angle en degrés, on pose la ligne de foi sur un des côtés de l'angle, de manière que le centre du demi-cercle se trouve précisément au sommet de cet angle, et l'on remarque sur le limbe de l'instrument le nombre de degrés qui se trouvent compris entre les côtés de cet angle; s'il y avait des fractions de degré, on les évaluerait le mieux possible.

Réciproquement, si l'on connaissait la valeur numérique de l'angle, on formerait cet angle en disposant le diamètre du rapporteur comme ci-dessus, et en faisant une marque sur le papier au nombre de degrés indiqués sur l'instrument. La ligne qu'on tracera du centre à cette marque formera un angle du nombre de degrés donnés.

On peut encore élever ou abaisser de petites perpendiculaires au moyen du rapporteur. Pour cela, on n'a qu'à placer la ligne de foi sur la ligne à laquelle on veut mener la perpendiculaire, et marquer sur le papier le point déterminé par 90 si la division est sexagésimale et 100 si elle est centésimale. La ligne passant par ces numéros est perpendiculaire à la ligne de foi.

5° Double décimètre. — Le *double décimètre* est un instrument en laiton ou en bois dur ayant la forme d'une règle; il est divisé en centimètres et millimètres, et peut servir d'échelle de proportion dans le dessin linéaire.

6° Planchette. — Les *planchettes pour coller les feuilles* doivent être faites avec des lames en bois blanc, emboîtées en hêtre ou en chêne et peintes en noir d'un côté. La grandeur dépend du dessin qu'on fait; néanmoins, dans les écoles on pourrait déterminer leurs dimensions à 0m 60 sur 0m 50. Les élèves tracent d'abord les figures au crayon blanc sur la surface noire, en utilisant les parties anguleuses du crayon blanc pour les lignes fines. Après cet exercice répété jusqu'à une exactitude suffisante, les élèves dessinent la figure sur le papier blanc tendu de l'autre côté de la planchette.

Manière de coller la feuille : On mouille légèrement la feuille avec une éponge et bien également à l'envers, et on l'étend sur la planchette. On humecte entre les lèvres l'extrémité d'un bâton de colle à bouche, et l'on fixe les bords de la feuille en commençant par les angles. Pour y parvenir, on frotte d'abord le dessous du papier avec la colle à bouche et ensuite le dessus avec l'ongle ou le manche d'un canif à coulisse, en ayant soin d'interposer un morceau de papier un peu fort. Si le dessin doit être colorié ou lavé, on a soin de passer une légère couche d'eau alunée afin de prévenir les taches que le papier pourrait faire ressortir.

7° PISTOLET. — Le *pistolet* (*fig.* 6) est un instrument en bois, découpé de manière à présenter dans ses contours un grand nombre de courbes. Pour se servir du pistolet, on commence par indiquer légèrement à la main et au crayon la courbe à dessiner, et l'on cherche ensuite les portions de courbure de l'instrument qui peuvent passer par les points de la courbe qu'on a déterminés, en ayant soin d'éviter dans le tracé ce qu'on appelle de *coudes* ou *jarrets*. Ce sont des angles formés par la rencontre des portions de la courbe et qui en contrarient le mouvement. On se sert pour tracer de grandes courbes d'une *règle flexible*.

8° TÉ. — Le *té* (*fig.* 7) est un instrument ayant la forme d'un T, composé de deux règles perpendiculaires l'une à l'autre ; on l'emploie pour tracer très rapidement les horizontales et les verticales. Nous recommandons l'usage de cet instrument aux personnes qui ont déjà l'habitude de la *règle* et de l'*équerre*.

Ce dernier exercice nous paraît préférable et plus utile pour les jeunes gens qui apprennent le dessin.

L'emploi de l'encre de Chine et des couleurs pour le lavis sera l'objet d'un chapitre à l'arpentage.

Questionnaire. Qu'est-ce que le dessin linéaire ? — Comment se divise le dessin linéaire ? — Quels sont les instruments nécessaires pour le dessin linéaire graphique ? — Quel est l'emploi et l'usage de ces différents instruments ?

CHAPITRE IV.

DESSIN LINÉAIRE A VUE.

EXERCICES SUR LA LIGNE DROITE.

374. Nous avons défini dans la géométrie la ligne droite et la ligne courbe. Nous allons à présent passer aux exercices au moyen desquels l'élève doit, en se formant le coup-d'œil, exercer la main et tracer avec assez de régularité les lignes, les diviser et représenter convenablement les figures simples.

375. Les lignes, dans le dessin linéaire, doivent être *pleines* ou *ponctuées*. Les pleines servent à tracer les traits qui représentent les figures. Les lignes ponctuées ne s'emploient que pour les lignes d'opération, c'est-à-dire pour celles qui servent à exécuter la figure.

376. On désigne les ombres au moyen de lignes plus fortes, parce que l'on suppose que le jour vient de 45 degrés de gau-

che à droite. Ainsi les traits qui déterminent la droite des parties saillantes doivent être forcés, si ces parties forment avec l'horizon des angles de 450 ; dans le cas contraire, on force les lignes à gauche.

Planche N° 1.

Fig. 1. — Tracer des droites horizontales et parallèles entr'elles.

Fig. 2. — Tracer deux parallèles horizontales et les couper perpendiculairement par quatre transversales.

Fig. 3. — Tracer une horizontale et décrire au-dessous des obliques parallèles. — Refaire cet exercice en changeant la direction des obliques de droite à gauche.

Fig. 4. — Faire un angle et le diviser arbitrairement en plusieurs parties égales.

Fig. 5. — Tracer en zig-zag une ligne brisée. — On nomme *ligne brisée* une ligne composée de plusieurs sections de droite.

Fig. 6. — Faire un angle de 40 à 45 degrés et le diviser en trois parties égales.

Fig. 7. — Après avoir abaissé une perpendiculaire au milieu d'une droite horizontale, partager chacun des deux angles ainsi formés en deux parties égales.

Fig. 8. — Tracer une droite pleine et des parallèles ponctuées de différentes manières, et par gradation comme dans la figure 8.

Fig. 9. — Faire un angle droit et mener sur un des côtés une oblique de droite à gauche comme dans cette figure.

Fig. 10. — Tracer une oblique de gauche à droite et lui mener deux perpendiculaires à des points différents, l'une en haut et l'autre en bas.

Fig. 11. — Mener deux perpendiculaires sur une droite et prolonger la première.

Fig. 12. — Construire un rectangle.

Fig. 13. — Construire un triangle équilatéral.

Fig. 14. — Construire un trapèze et le diviser par deux diagonales.

Fig. 15. — Copier un polygone irrégulier et joindre par des diagonales tous les sommets à un même angle.

Fig. 16. — Mener cinq parallèles et les couper obliquement par des transversales.

Fig. 17. — Copier la figure 17.

Remarque. — Le maître vérifiera après l'exercice toutes les figures qu'a tracées l'élève, fera recommencer jusqu'à ce que l'exécution soit pure et nette. Il pourra ajouter d'autres exercices à ceux-ci ; leur faire, par exemple, déterminer en décimètres et centimètres la longueur des lignes, exprimer la valeur des différentes espèces d'angles, etc.

EXERCICES SUR LES DROITES PERPENDICULAIRES ET PARALLÈLES.

377. Le maître fera dessiner les figures ci-après dans des proportions données et dans diverses positions. Il insistera particulièrement sur le dessin à vue et ne laissera exécuter graphiquement ces figures que lorsqu'il aura la certitude que la main de l'élève a acquis assez de facilité et de souplesse pour tirer avec assurance des lignes droites d'une grandeur et d'une direction quelconques ; que son coup-d'œil est de même assez formé pour les diviser ; mener des parallèles, élever et abaisser des perpendiculaires, etc.

Planche N° 2.

Fig. 1. — Construire un carré et le partager en quatre triangles égaux, au moyen de deux diagonales.

Fig. 2. — Construire un triangle isocèle et le partager en deux parties égales.

Fig. 3. — Construire un carré et le diviser comme la première figure.

Pour cette opération, l'élève mènera deux droites perpendiculaires entr'elles. Ensuite, il portera, du centre sur chaque section de ligne, une même longueur, et joindra les extrémités deux à deux.

Fig. 4. — Construire un octogone régulier et le diviser en huit triangles égaux.

La plupart des figures suivantes sont des combinaisons graduées des exercices précédents, et n'offrent que des applications fréquentes de ce que l'élève a déjà fait.

Construire les fig. 5, 6, 7, 8, 9, 10, 11, 12, 13, 14, 15, 16 et 17.

EXERCICES SUR LES LIGNES COURBES. — LEUR RACCORDEMENT.

Planche N° 3.

378. Avant de faire construire les figures de cette planche, le maître aura soin de donner aux élèves les définitions contenues dans la 1re sect. du chap. III, pag. 13.

Fig. 1. — Décrire deux circonférences et deux arcs de cercles tangents.

Fig. 2. — Former un *croissant* au moyen de deux arcs de cercle.

Fig. 3. — Tracer un angle curviligne.

Fig. 4. — Tracer une *rosace* simple.

Fig. 5. — Tracer deux arcs de cercle concentriques et les couper par une droite.

Fig. 6. — Tracer un arc de cercle tangent à une droite.

Fig. 7. — Tracer cette figure.

Fig. 8. — Décrire des cercles concentriques.

Fig. 9. — Dessiner une *moulure*.

Fig. 10. — Construire un hexagone curviligne.

Fig. 11. — Dessiner un dard.

Fig. 12. — Dessiner une quenouille.

Fig. 13. — Dessiner un écusson.

Fig. 14. — Tracer une suite d'arcs de cercles entrelacés.

Fig. 15. — Dessiner une doucine.

Fig. 16. — Dessiner un tore.

Fig. 17. — Tracer une moulure ronde et creuse dans la partie opposée.

Fig. 18. — Tracer une scotie.

Fig. 19. — Tracer une *courbe ondée* ou ligne serpentine.

Cette ligne rappelle par sa flexion le mouvement des ondes ou la trace indiquant le passage d'un serpent sur le sable sec.

379. « On appelle *moulure*, en termes d'architecture, toute saillie ordinairement taillée d'après un *profil* et au dehors du nu d'un mur, d'une surface quelconque, etc. C'est un ornement en partie droite ou courbe dont l'assemblage forme les bases des piédestaux et des colonnes, les impostes, les archivoltes, les chambranles, les entablements, les frontons, etc.

Une moulure est *lisse, ornée* ou *couronnée*, selon les diversités d'exécution qu'elle reçoit.

L'assemblage des moulures forme les membres d'architecture, lesquels, vus latéralement, prennent le nom de *profil* (*fig.* 9).

Les moulures qui ont une forme circulaire, telles que le *tore*, le *congé*, la *baguette* et les *cannelures*, peuvent être tracées au compas. Il en est d'autres dont le profil n'est pas géométrique, comme les *quarts de rond* et les *cavets*, et cet inconvénient est plus sensible encore pour les *scoties* et les *talons*, qu'on ne peut tracer qu'à l'aide de plusieurs arcs de cercle. »

380. Remarque. — Dans le cas où les élèves ne seraient pas assez exercés pour commencer le dessin de figures plus difficiles que celles des premières planches, nous invitons les maîtres à leur faire dessiner les figures de géométrie qui ont rapport aux surfaces, polygones, solides, polyèdres réguliers, et jusqu'à ce qu'ils aient acquis par des exercices faciles et variés l'habitude nécessaire pour exécuter les dessins composés. Cette observation n'est applicable qu'aux élèves qui n'ont pas appris toutes les connaissances géométriques contenues dans la 1re partie de cet ouvrage.

Questionnaire. Qu'appelle-t-on ligne pleine? — .... ligne ponctuée? — Comment se désignent les ombres au moyen des lignes? — Qu'est-ce qu'une courbe ondée? — Qu'appelle-t-on moulure? — Quelles sont les principales moulures? — Qu'appelle-t-on profil?

CHAPITRE V.

DESSIN LINÉAIRE GRAPHIQUE.

EXERCICES SUR LES PARALLÈLES ET LES PROJECTIONS.

Planche n° 4.

Projections différentes d'un Banc.

381. Le maître aura soin de rappeler à ses élèves les définitions des mots *projection verticale*, *projection horizontale*, *profil*, *coupe*, etc., qui se trouvent dans le chapitre de la *Géométrie descriptive* (pag. 132).

De plus, il aura soin de faire dessiner sur une échelle plus grande les différentes figures de cette planche, en s'assurant de l'exactitude et de la pente des lignes et des angles.

Fig. 1. — Dessiner la projection verticale d'un banc.

Fig. 2. — Dessiner la projection horizontale.

Fig. 3. — Dessiner le profil.

Fig. 4. — Dessiner la coupe suivant la ligne NB.

Fig. 5. — Dessiner une projection quelconque du banc.

Fig. 6, 7, 8, 9, 10, 11, 12. — Dessiner les diverses pièces du banc.

Planche n° 5.

Carrelages et Parquets.

382. Le *carrelage* et le *parquetage* ajoutent à la richesse des appartements. On emploie les compartiments en carrelage ou pavés dans toutes les pièces de décor, dans les galeries, dans les antichambres et dans les salles à manger. On les construit soit en briques, soit en pierres de taille ou en marbre, en ayant soin de choisir des espèces de marbre ou de pierre d'une dureté à peu près semblable.

Le parquetage est usité pour les salons, chambres à coucher, etc. Le prix diffère selon les qualités de bois employés et les difficultés pour l'exécution.

Fig. 1. — Dessiner un plancher.

Fig. 2. — Dessiner un carrelage en marbre blanc et gris.

Fig. 3. — Dessiner un carrelage en pierre de liais et en petits carreaux de pierre noire.

Fig. 4. — Dessiner un compartiment en carreaux de terre cuite, à six pans.

Fig. 5. — Dessiner un compartiment fait en carreaux octogones de marbre, et le plus souvent de pierre de liais et en petits carreaux de pierre noire.

Fig. 6. — Dessiner un parquet dit *point de Hongrie*.

Fig. 7. — Dessiner des feuilles de parquet.

Fig. 8. — Dessiner un parquet d'assemblage à compartiments.

Fig. 9. — Dessiner un parquet à frise.

On appelle *lambourdes* les pièces transversales sur lesquelles sont fixées les feuilles assemblées à rainures et languettes qui portent le plancher.

Fig. 10. — Dessiner un carrelage en briques composé d'hexagones et de triangles.

Fig. 11 et 12. — Dessiner des parquets d'assemblage à compartiments.

Observation. — Le maître pourra faire exécuter sur des échelles plus grandes les figures de cette planche, et donner des exercices que les élèves un peu âgés résoudront sans peine. Par exemple, déterminer en mètres, décimètres, centimètres carrés, la surface d'un carré, d'un rectangle, etc., et y construire un parquet ou un carrelage.

Menuiserie.

373. La *menuiserie* s'occupe de tous les ouvrages en bois qui servent à la clôture, au revêtement et à la décoration des parois des édifices civils ou religieux, comme portes, croisées, lambris, parquets, etc.

Planche N° 6.

Fig. 1 et 2. — Dessiner des portes d'allée à un vantail.

Fig. 3. — Dessiner une porte d'allée à deux vantaux.

Fig. 4. — Dessiner une croisée.

Fig. 5. — Dessiner une porte de chambre à deux panneaux.

Fig. 6. — Dessiner un vantail de persienne.

Fig. 7. — Dessiner une porte de chambre à trois panneaux.

Fig. 8. — Dessiner un battant d'une grande porte cochère.

Questionnaire. Définissez ce qu'on entend par projection verticale, projection horizontale, profil, coupe, etc., d'un objet quelconque ? — A quoi sert le carrelage et le parquetage ? — Qu'appelle-t-on lambourdes ? — De quoi s'occupe la menuiserie ? — Dessinez les figures contenues dans chaque planche.

CHAPITRE VI.

EXERCICES SUR LES DROITES ET SUR LES COURBES.

Charpenterie.

374. La *charpenterie* a pour but de faire toutes les espèces d'ouvrages qui sont destinés à des efforts plus ou moins considérables, comme les planchers, les combles, les échafaudages, les voûtes, les machines propres à transporter et élever de grands fardeaux, etc.

On distingue en charpenterie comme en menuiserie plusieurs espèces d'*assemblages*, dont les plus usités sont : Les *assemblages de bois de bout*, *à angles droits*, *par entailles*, *à tenons et mortaises*, *bout à bout*, *à traits de Jupiter*, *à double coupe et à double clé.*

Planche N° 7.

Fig. 1 et 2. — Dessiner des assemblages à traits de Jupiter.

On emploie ces assemblages lorsque la pièce qu'on assemble doit être posée verticalement, afin de lui donner une résistance plus forte.

Fig. 3. — Dessiner un assemblage de deux pièces bout à bout et à demi-bois.

Fig. 4. — Dessiner un assemblage de deux pièces de bois à plat joint avec deux clés.

Fig. 5. — Dessiner un *enfourchement à onglet.*

Fig. 6. — Dessiner un assemblage à tenon et mortaise.

On fait usage plus habituellement en menuiserie de cet assemblage. La mortaise doit avoir le tiers de l'épaisseur de la pièce de bois dans laquelle elle est faite et les mêmes dimensions que le tenon.

Fig. 7. — Dessiner un assemblage à *queue d'hironde.*

Fig. 8. — Dessiner un assemblage à traits de Jupiter serrés par deux clés O et B.

Fig. 9. — Dessiner un assemblage à demi-bois.

Fig. 10. — Dessiner un assemblage à onglet et tenon.

Fig. 11. — Dessiner un procédé d'échafaudage pour soutenir les voûtes ogiviques en pierres pendant leur construction.

Fig. 12. — Dessiner un système de charpente pour les combles.

Les combles ont une grande importance dans la construction. Leur hauteur comme leur pente varie selon les pays.

Les pièces qui composent ce système de combles sont :

A *tiran ;* B *poteau montant*, armé de ses *aisseliers* VY et couronné d'une *lierne* X, qui lie l'*entrait* U en moise double ; T la *lierne haute ;* le *poinçon* G et la *contrefiche* H portent le *faîtage* S ; les *contrefiches* K servent à soutenir l'*arbalétrier* F chargé des pannes LL, retenues par les *tasseaux* MM. Les *blochets* C posent sur la sablière Q, et sont soutenus par un petit *potelet* R.

Fig. 13. — Dessiner un comble à la *mansard.*

On emploie généralement ce système dans les villes où les logements sont à un prix élevé et les greniers moins nécessaires qu'à la campagne, comme aussi dans les filatures de laine, de coton, etc.

Fig. 14, 15 et 17. — Dessiner d'autres systèmes de combles.

Fig. 16. — Dessiner un système d'échafaudage pour soutenir les voûtes à plein *cintre.*

Planche N° 8.

Suite de la Charpenterie.

Fig. 1. — Représente un cabestan; espèce de treuil qu'on emploie dans les ports et à bord des bâtiments pour traîner de lourds fardeaux.

Fig. 2, 3 et 4. — Représentent un système de rouleau de compression des empierrements pour les grandes routes.

2, vue verticale; 3, coupe suivant la ligne AB du plan; 4, le plan. — La construction de ces figures est à l'échelle de 0m.02 pour mètre.

Fig. 5, 6 et 7. — Représentent le plan d'une sonnette mue par un cheval, d'après M. Perronet.

On désigne sous le nom de *sonnette* une machine qu'on emploie pour enfoncer les pieux dans les constructions et les fondations en général.

5, vue de profil; 6, vue de face; 7, plan du patin.

Planche N° 9.

375. Cette planche renferme quelques objets de serrurerie et d'ajustage que nous donnons comme exercices de dessin, et que le maître aura soin de faire dessiner sur une échelle plus grande.

Fig. 1 et 3. — Différents genres de grilles pour portes de jardins.

Fig. 2. — Porte en tôle avec panneaux de serrurerie.

Fig. 4. — Balcons divers.

Fig. 5. — Arbre pour porter deux roues d'engrenage.

Fig. 6. — Roues d'engrenage.

Fig. 7. — Godet servant d'entonnoir pour huiler l'arbre soutenu par les coussinets de la fig. 8.

Fig. 8. — Poupée d'une machine à alléser.

Fig. 9. — Manivelle.

Planche n° 10.

Fig. 1 et 3. — Dessiner un poêle de café surmonté d'un vase en cuivre.

Fig. 2. — Dessiner une lanterne d'éclairage au gaz.

Fig. 4. — Dessiner une cheminée de salon.

Fig. 5. — Dessiner une cheminée avec grille à charbon.

Fig. 6. — Dessiner un poêle économique pour cuisine avec trois marmites, four, etc.

376. Observation. — Avant de passer aux exercices des planches suivantes, nous devons faire remarquer que les élèves, s'ils ont suivi progressivement la marche tracée par l'ordre des figures, sont déjà façonnés au maniement des instruments, et que les dessins des quatre dernières planches renferment assez

de difficultés pour que les professeurs exigent une grande précision et une bonne pureté dans le trait, soit pour ce qui regarde les lignes qui représentent les jours, soit pour celles qui marquent les ombres.

QUESTIONNAIRE. Quel est le but de la charpenterie? — Quels sont les principaux assemblages usités? — A quoi sert le cabestan? — ..... le treuil? — ..... la sonnette? — .... le rouleau? — Dessinez les figures contenues dans les quatre dernières planches.

CHAPITRE VII.

MÉCANIQUE.

NOTIONS SUR LES MACHINES.

377. La mécanique est l'art d'inventer et de construire les machines, et d'utiliser certains moteurs, tels que l'eau, l'air, le feu, les animaux, pour les faire agir. L'objet des machines est de suppléer à l'insuffisance des forces humaines, lorsqu'il s'agit de faire mouvoir ou d'élever de grands fardeaux, et aussi de remplacer un grand nombre de bras dans la fabrication des objets d'utilité première.

378. On divise les machines en deux espèces : les *machines simples* ou *élémentaires* et les *machines composées*.

Les machines simples sont celles qui ne sont point composées d'autres machines, et qui entrent dans la composition des diverses mécaniques. Tels sont le *levier*, la *poulie*, la *vis* et leurs variétés comme la *grue*, les *moufles*, les *roues dentées*, les diverses *manivelles*, etc.

Dans les machines composées, les roues à dents sont d'un grand usage, mais avec une destination différente. Elles servent alors à transformer les mouvements, et à régler leur vitesse d'après des rapports voulus. Il suffit, pour cela, de coordonner suivant ces rapports le nombre et la grandeur des dents des roues, comparées à celles des pignons.

Avant de passer au dessin des machines qui forment la seconde partie du dessin linéaire, nous avons cru devoir entrer dans quelques détails sur le *levé des machines*. Ces notions peuvent trouver une application très fréquente chez les personnes qui s'occupent d'industrie, d'arts et métiers.

379. **LEVÉ DES MACHINES.** — Le *levé des machines* consiste à recueillir un ensemble de documents graphiques, nécessaire et suffisant pour la reproduction exacte et complète de la machine qui est l'objet du travail du levé, et dans des conditions identiques, de formes, de dimensions, de matériaux et de fonctions.

Un travail de lever se divise en deux opérations successives et distinctes :

La première consiste à représenter par des dessins faits à main levée, ou *croquis*, l'ensemble et les détails de la machine qu'il s'agit de lever.

La seconde consiste à relever sur la machine toutes les cotes, c'est-à-dire toutes les mesures nécessaires à sa reproduction et à les reporter convenablement sur les croquis avec tous les renseignements et indications qui peuvent servir à leur donner une clarté parfaite.

Les croquis se divisent en *croquis d'ensemble* et *croquis de détails*; les premiers pour déterminer les positions relatives et les formes générales de l'ensemble des organes qui constituent l'appareil dont on s'occupe; les secondes pour déterminer les formes des divers organes, ou pièces quelconques, qui entrent dans la construction de la machine, leur mode d'assemblage ou d'ajustage, soit isolément, soit relativement.

Après avoir établi les croquis d'ensemble et de détails, on doit s'occuper des mesurages à effectuer pour reporter sur ces croquis les mesures, dimensions ou cotes nécessaires pour en faire les dessins à une échelle exacte, ou pour servir à la reproduction des objets.

Des croquis *cotés bien et complètement* sont préférables aux dessins les plus soignés dans leur exécution, faits à l'échelle, mais non cotés. Il importe donc de se pénétrer de l'importance de l'opération qui consiste à coter des croquis et de l'exactitude qu'elle réclame.

Toutes les feuilles de croquis doivent être numérotées, accompagnées de légendes complètes, clairement établies, et de tous les renseignements et indications qu'on aura jugés utiles.

Dans ce simple exposé, nous avons cherché à réunir toutes les prescriptions utiles à celui qui se propose de faire un levé de machines. La pratique et l'expérience peuvent seules apprendre comment ces prescriptions se modifient, s'étendent ou se resserrent, selon le but que l'on se propose, ou selon le temps ou les facilités dont on dispose.

La planche n° 11 représente les diverses parties et l'ensemble d'un *étau tournant*. On a déterminé sur les plans de cet appareil toutes les cotes et mesures nécessaires pour en faire la reproduction exacte et complète. Ce dessin qui ne peut être considéré comme croquis peut néanmoins servir de modèle pour l'application au levé des machines.

Observation. — Le maître fera dessiner les figures de la planche n° 11 sur des échelles moindres ou plus grandes que la proportion gardée dans ces dessins. Cet exercice fait au moyen du double décimètre peut être fort utile aux jeunes gens qui voudront s'exercer à faire un levé de machine, d'après les règles générales données plus haut.

Planche N° 12.

Appareils et Mouvements simples.

Fig. 1. — Crémaillère, espèce de levier employé pour transformer un mouvement rectiligne en mouvement circulaire alternatif, et réciproquement.

Fig, 2. — Appareil pour boucher les bouteilles d'eaux minérales artificielles.

Fig. 3. — Levier qui a la même application que la figure 1.

Fig. 4. — Levier qu'on fait basculer autour de l'axe et qui fait corps avec le demi-cercle.

Fig. 5. — Roue dentée qu'on applique à certains treuils.

Fig. 6. —Mécanisme qu'on appelle le *levier de la Garousse.*

Fig. 7. — Mouvement circulaire elliptique.

Fig. 8. — Appareil dont le mouvement a la même application que la figure 1.

Fig. 9. — Engrenages et volant.

Fig. 10, 11 et 12. — Diverses espèces de treuils, pour lever des fardeaux.

Planche N° 13.

Suite des Machines et Appareils.

Fig. 1. — Nœud de l'artificier.

Fig. 2 et 3. — Nœuds servant à raccourcir une corde sans la couper.

Fig. 4. — Nœud à double tête d'alouette.

Fig. 5, 6 et 7. — Poulies simples armées de leur chape, vues de côté et en coupe.

6 est coupée en crémaillère et 7 est cannelée. Ces dispositions empêchent la corde ou la chaîne de glisser dans la gorge.

380. « On nomme *poulie* une roue creuse en gorge à sa circonférence ; dans cette gorge ou rainure passe une corde dont une extrémité est tirée par la puissance et dont l'autre est sollicitée par la résistance. »

« On désigne sous le nom de *moufles*, et en termes de marine *palans*, des assemblages de poulies, dont les unes sont fixes et les autres mobiles, et cependant embrassées par une même corde. »

Fig. 8, 9 et 10. — Représentent les plans de différentes espèces de moufles à l'usage de la marine.

Fig. 11. — Poulie de puits avec le seau.

Fig. 12, 13 et 14. — Moufles, combinaison de cordages et de poulies propre à faciliter l'élévation des fardeaux.

Planche N° 14.

Fig. 1, 2, 3 et 5. — Représentent le plan d'une vis avec une tête carrée *c*. On appelle *pas* de la vis les filets carrés *k*; *d* écrou, *a* filet carré, *x* et *y* têtes de vis, ronde et carrée.

Fig. 4 et 6. — Plan d'une vis à tête ronde.

« La vis est une des machines les plus employées : on s'en sert pour exercer une pression considérable ; par exemple, pour extraire le jus du raisin et d'autres fruits. »

Fig. 7, 8, 11, 12 et 13. — Représentent les détails d'un *cric*.

« Le cric est l'instrument qu'emploient les tailleurs de pierres pour soulever les blocs. »

Fig. 9 et 10. — Vues de face et de côté d'un pignon, premier moteur d'une roue d'engrenage avec la manivelle.

Fig. 14 et 15. — Représentent deux systèmes de *presses*, l'un dont la vis est à tête ronde et l'autre à tête carrée. Ces appareils qui ne sont autre chose que l'application de la vis, servent à extraire des corps succulents les liquides qu'ils contiennent.

Planche N° 15.

Fig. 1. — Représente un *martinet* pour battre le cuivre.

Fig. 2 et 3. — Représentent l'élévation et le plan de *cisailles* pour couper le fer.

Fig. 4, 5, 6 et 7. — Plans et coupe de *gros marteaux* employés dans les grandes forges.

Planche N° 16.

Cette planche représente le plan d'élévation d'une *machine locomotive*. L'exécution de ce dessin est longue et difficile pour les élèves. Mais si les jeunes gens après avoir appris les notions géométriques, et dessiné progressivement toutes les figures qui précèdent, ne sont pas capables de se sortir de ce dessin, c'est qu'ils n'auront pas suivi régulièrement la progression croissante de difficultés qui existe dans la disposition des figures contenues dans cet ouvrage.

Planche N° 17.

Cette planche représente la vue en perspective d'un *tour à engrenage avec volant.*

Cette étude de dessin exécutée avec précision et sur une échelle plus grande produit un très bel effet.

Nous invitons les maîtres à ne faire dessiner cette machine que lorsque les élèves auront acquis une grande habitude dans le maniement des instruments, et qu'ils auront dessiné toutes les figures qui précèdent.

QUESTIONNAIRE. Qu'est-ce que la mécanique? — A quoi servent les machines? — Comment les divise-t-on? — Quelles sont les principales machines simples? — En quoi consiste le levé des machines? — Comment s'y prend-on? — Qu'appelle-t-on poulie? — .... moufles? — Dessinez les figures contenues dans les planches 11, 12, 13, 14, 15, 16 et 17.

CHAPITRE VIII.

NOTIONS SUR LES INSTRUMENTS D'AGRICULTURE.

381. INSTRUMENTS ARATOIRES. — On nomme *instruments aratoires* les instruments destinés à la culture.

Faire bien en peu de temps et avec le moins de forces possibles, est la condition de tout bon instrument destiné à la culture.

Des instruments usités dans l'agriculture, quelques-uns seulement sont d'une indispensable nécessité; ce sont les plus anciens, la *charrue*, la *herse* et le *rouleau*. D'autres d'invention nouvelle, ou perfectionnés, méritent d'être introduits dans l'agriculture, mais il ne faut adopter que ceux dont l'utilité ou la supériorité a été reconnue par des expériences bien constatées et multipliées, et qui peuvent rendre d'éminents services à la grande culture, en permettant d'exécuter, avec beaucoup d'économie, de forces et de temps, des travaux qui d'ordinaire se font à bras, tels que le binage et le buttage. Ces instruments sont : l'*extirpateur*, le *scarificateur*, la *houe à cheval*, le *butteur* ou *buttoir*, etc. Leur action consiste à remuer la terre à peu de profondeur, à la pulvériser et à l'amalgamer; à produire au jour et à faire germer la semence des plantes parasites qu'on détruit ensuite; à soulever aussi hors de terre les racines des plantes vivaces, ou à les couper itérativement, et à les faire périr par le dessèchement.

382. CHARRUE. — La *charrue* est l'instrument le plus indispensable. Elle sert à ouvrir la terre par tranches, à la soulever et à la renverser par bandes, de manière que la partie inférieure soit amenée à la surface du sol.

Toutes les charrues peuvent être rapportées à deux espèces principales : celles *avec avant-train* et celles *sans avant-train*, dites *araires*. L'avant-train est un point d'appui posé sur deux petites roues en avant et en dehors du corps de la charrue; sur cet appui repose la *flèche*.

Toute charrue, quelle que soit sa simplicité ou sa complication, est composée des pièces suivantes : le *coutre*, le *soc* et le *sep*, l'*oreille* ou *versoir*, l'*age*, les *mancherons* et le *régulateur*. Les quatre premières agissent seules sur le sol d'une manière directe ; elles constituent ce que l'on nomme le *corps de la charrue*.

COUTRE. — Le *coutre* est un espèce de couteau de forme très diverse, destiné à couper perpendiculairement la tranche de terre qui doit être renversée, à la séparer du sol non labouré. Placé en avant du soc sur une même ligne, il lui fraye le passage; il détermine ensuite la direction de la charrue et l'empêche de dévier à droite.

A cause de la résistance que lui oppose le sol, et du frottement qu'il éprouve, le coutre doit être fort et acéré à son tranchant. Dans les terres légères, il n'est que d'une utilité secondaire; mais dans les terres fortes son action est indispensable.

SOC. — Le *soc* est la partie la plus essentielle du corps de la charrue. C'est une espèce de pelle de fer qui détache horizontalement la tranche de terre coupée perpendiculairement par le coutre. Dans les charrues bien construites, il doit déjà soulever la tranche et la porter au versoir sur une surface oblique, mais non interrompue.

Le soc se compose de deux parties : l'une sépare la tranche de terre, c'est l'*aile*; l'autre unit le soc au corps de la charrue, on la nomme *douille* ou *encochure*. La forme du soc varie, en général il a la figure d'un triangle rectangle plus ou moins obtus.

SEP. — Le *sep* sert à fixer les diverses parties de la charrue dans leur partie inférieure. Il glisse au fond du sillon, en appuyant contre la terre non labourée.

A cause du frottement que supporte la face inférieure du sep, ainsi que celle qui touche en passant la terre non labourée, il est essentiel que cette partie de la charrue soit faite de bois dur qui prenne aisément le poli, ou qu'elle soit garnie de bandes de fer. Plus le sep est long, plus la marche de la charrue est régulière, et moins il est difficile de la manier.

VERSOIR. — Le *versoir* consiste ordinairement dans une planche clouée près du soc, au côté droit du sep, dont elle s'écarte plus ou moins à sa partie postérieure. Il est long et aplati comme à la plupart de nos charrues, ou plus court et courbe ou bombé, comme on le voit à d'autres. La largeur ou hauteur va en augmentant d'avant en arrière. Il est ordinairement fixe, quelquefois mobile, de manière à être placé à volonté, à droite ou à gauche du corps de la charrue, comme cela devient nécessaire pour le labourage des champs placés en pente, où il faut renverser la terre toujours du même côté vers le haut de la pente.

Les fonctions du versoir consistent à soulever et à renverser, dans une direction un peu oblique, la tranche de terre séparée du sol par le coutre et par le soc. Ce renversement de la terre dans un sens oblique facilite son ameublement par la herse.

Le versoir doit être fait de bois dur qui se laisse polir facilement. Il sera couvert de plaques de tôle pour les terrains pierreux. Le versoir court, courbé ou bombé, doit être en fer de fonte.

AGE. — L'*age* ou la *flèche* est cette partie de la charrue qui, quoique posée en dehors et au-dessus de son corps, lui imprime néanmoins le mouvement de progression qui le fait avancer dans la terre.

La ligne de trait, qu'il est impossible d'attacher au corps de la charrue lui-même, est remplacée par l'age. Elle doit être généralement forte et faite de bois sain, léger et un peu pliant, tel que le frêne et l'ormeau, pour éviter qu'il se rompe trop souvent.

MANCHERONS. — Les *mancherons* sont des pièces de bois placées d'ordinaire en biais sur le derrière du corps de la charrue, et dont on se sert pour maintenir celle-ci dans une bonne direction, ainsi que pour la renverser du côté opposé à celui auquel est adapté le versoir, lorsqu'on passe du bord d'un champ à l'autre pour recommencer un nouveau sillon.

RÉGULATEUR. — On appelle *régulateur* tout ce qui dans une charrue sert à régler son entrure, c'est-à-dire la profondeur du labour, et à modifier la largeur des sillons ouverts par le soc, dans les charrues à avant-train qui ont leur flèche posée dans une direction oblique de bas en haut. Quant aux charrues sans avant-train, elles ont de particulier que le régulateur est fixé à l'extrémité de la flèche, et que c'est en élevant le point de tirage attaché au régulateur que la charrue laboure plus profondément, tandis qu'elle prend moins d'entrure lorsqu'on l'abaisse.

Les *conditions générales* d'une bonne charrue sont de fonctionner bien et avec facilité, c'est-à-dire d'ouvrir la terre à la profondeur voulue, de soulever et de renverser la bande détachée par le soc obliquement, et non pas à plat, sans interruption, et tout cela en moins de temps et avec le moins de forces possibles.

Planche N° 18.

Comme l'on s'occupe de l'introduction dans les écoles primaires de l'enseignement de l'agriculture, nous avons cru devoir donner comme exercices de dessin les principaux systèmes de charrues usités en France et de les faire précéder de quelques notions sur la composition et l'usage de ces instruments.

Fig. 1. — Charrue à avant-train.

Fig. 2 et 3. — Plan et élévation d'une charrue à butter à deux versoirs.

Fig. 4. — Charrue *Granger*.

Fig. 5. — Charrue dite *brandilloire*.

Fig. 6. — *Tourne-Oreille*, charrue de France.

QUESTIONNAIRE. Qu'appelle-t-on instruments aratoires? — Quels sont les instruments les plus usités? — A quoi sert la charrue? — Combien y en a-t-il d'espèces? — Quelles sont les pièces dont se compose une charrue? — Quelle est la fonction de ces diverses pièces?—Quelles sont les conditions générales d'une bonne charrue? — Dessinez toutes les figures de cette planche.

CHAPITRE IX.

ORNEMENT.

383. **ORNEMENT.** — L'*ornement* a pour objet d'embellir les formes simples des différents produits des arts. On dirait, au premier coup-d'œil, que l'ornement semble un produit du caprice et de l'imagination, et qu'il n'est subordonné à aucune autre règle que celle du bon goût, mais plus il se rapproche de la régularité géométrique plus il produit une sensation agréable.

La composition de l'ornement est devenue un art très compliqué. Aussi recherche-t-on les productions de ces artistes privilégiés qui puisent leurs motifs dans la nature, observent les lois de l'équilibre, de la symétrie et de la pondération, et qui, tout en voulant donner la profusion des détails, font présider à leurs compositions la grâce, la sévérité ou l'austérité.

Planche N° 19.

Fig. 1. — Représente des oves.

Fig. 2. — Dessin d'une branche de chêne.

12

Fig. 3. — Ornement appelé *culot.*

Fig. 4. — Branche de laurier.

Fig. 5. — Feuille d'acanthe.

Fig. 6. — Gland de chêne.

Fig. 7. — Motif d'ornement.

Fig. 8. — Culot.

Fig. 9. — Ornement de frise.

Planche N° 20.

Fig. 1, 2, 3, 4, 5 et 6. — Représentent des rosaces de différentes espèces.

Fig. 7 et 9. — Palmettes.

Fig. 8. — Mascaron.

Fig. 10. — Clé ornée.

Fig. 11, 12, 13 et 14. — Divers genres de marteaux pour portes cochères.

Planche N° 21.

Fig. 1. — Ornement d'angle de la frise du Panthéon.

Fig. 2. — Ornement bysantin.

Fig. 3. — Sablier servant d'ornement pour un tombeau.

Fig. 4. — Figure arabesque.

Fig. 5. — Ornement idéal.

Fig. 6. — Feuille d'acanthe.

Fig. 7. — Enroulement.

Planche N° 22.

Cette planche contient trois dessins, dans lesquels les élèves rencontreront quelques difficultés ; aussi devons-nous les engager à s'exercer, avant de passer à la plume ces motifs d'ornement, à épurer le trait et à observer la symétrie.

La figure troisième représente un fragment d'une belle frise.

Nous nous bornerons à ce petit nombre d'exemples pour ce qui regarde l'ornement. Ces quelques éléments doivent suffire pour donner de la force et de l'assurance à la main, et de la perspicacité dans le coup-d'œil des élèves. Il suffit toutefois de revenir sur la division de la circonférence (189) afin d'en faire l'application à la composition et au dessin des rosaces, etc.

QUESTIONNAIRE. Quel est le but de l'ornement? — Quelles sont les règles à observer dans la composition d'un ornement? — Dessinez les figures contenues dans ces planches.

FIN DU DESSIN LINÉAIRE.

TROISIÈME PARTIE.

ARPENTAGE.

BUT DE L'ARPENTAGE.

384. ARPENTAGE. — L'*Arpentage* a pour objet de mesurer les surfaces agraires, les partager suivant des rapports donnés, en lever le plan, le rapporter, le laver et en déterminer les limites. De là cinq parties principales :

1° *La mesure des surfaces*;

2° *Le levé des plans*;

3° *La Géodésie* ou division des surfaces en des rapports donnés;

4° *Le rapport* et *le lavis des plans*;

5° Le *bornage* des terres.

Pour mesurer les surfaces on est obligé de les diviser en figures dont on peut évaluer les aires d'après les principes de la Géométrie, et comme cette division ne peut se faire qu'au moyen des instruments employés dans l'Arpentage, il est nécessaire de commencer par la description et l'usage de ces instruments.

CHAPITRE I.

DESCRIPTION, USAGE ET VÉRIFICATION DES INSTRUMENTS.

PREMIÈRE SECTION.

JALONNAGE ET CHAINAGE.

385. CHAINE. — La *chaîne d'arpenteur* (*fig.* 7, *pl.* 23) se compose de 50 brins de gros fil de fer réunis les uns aux autres par des anneaux, et dont les longueurs sont telles que la distance qui sépare les centres de deux anneaux consécutifs est de deux décimètres, de sorte que la longueur totale est de 1 décamètre ; les anneaux sont en cuivre, de cinq en cinq à partir du cinquième, et les centres de ces anneaux en cuivre divisent la chaîne en dix parties égales chacune à un mètre, et celui qui marque le milieu du décamètre est plus grand que les autres, ou bien il en est distingué par un bout de fil de fer qui y est suspendu. Les extrémités de la chaîne se terminent par une poignée qui se trouve comprise dans la longueur du décimètre, et par conséquent le décamètre est la distance des extrémités de ces poignées, quand la chaîne est parfaitement tendue sans courbure et sans *nœuds*.

On a reconnu que cette chaîne est la plus portative et la plus commode ; néanmoins il en existe dont la division est de mètre en mètre, de 5 en 5 décimètres, etc., comme aussi il y en a qui ont 20, 30, etc., mètres de longueur.

Il est d'usage de donner à la chaîne 2 millimètres de plus pour compenser la courbure, et c'est surtout dans les terrains en pente que cet excès est nécessaire. Au surplus il y a des chaînes dont la poignée peut être allongée ou diminuée à volonté, en sorte qu'avant de s'en servir il faut la vérifier, en l'appliquant sur un *étalon*, que l'on a disposé le long d'un mur et dont on s'est assuré de l'exactitude.

386. **FICHES.** — La *fiche* (*fig.* 14) est un petit piquet en fer, de 0^{m} 50 de longueur; elle est terminée en pointe, et est munie à l'autre extrémité d'une boucle pour y passer le doigt.

387. **JALONS.** — Le *jalon* (*fig.* 19) est un bâton droit d'un à deux mètres de longueur, ferré à l'extrémité qu'on enfonce en terre, et fendu à l'autre extrémité de manière à recevoir un petit carré de papier blanc qu'on appelle *mire*, et propre à faciliter la direction des *rayons visuels*, c'est-à-dire la direction qui va de l'œil de l'observateur vers le point qu'il fixe. Lorsque ce point est éloigné, on place entr'eux un nombre suffisant de jalons pour mieux déterminer *l'alignement*.

Pour planter verticalement un jalon, on se sert d'un *fil à plomb*, ou simplement d'une pierre suspendue à un fil. Cette précaution est indispensable dans les terrains en pente et diversement inclinés.

388. **JALONNAGE.** — *Prendre un alignement*, c'est jalonner une droite qui doit passer par deux points déterminés.

Soit **A** et **B** les deux points (*fig.* 1, *pl.* 24). On plante verticalement un jalon au point **A**, et l'on envoie une personne vers **B** avec un jalon qu'elle plante, sur un signe de convention dans l'alignement **AB** et au point **B**. Si la ligne est trop longue on fait disposer un ou plusieurs jalons de distance en distance, de manière qu'en se plaçant derrière un de ces jalons l'œil ne puisse apercevoir B qui se trouve planté assez loin derrière D. La ligne AB qui passe par ces jalons est alors une ligne droite.

Si l'on est obligé de jalonner en descendant puis en montant, il faut avoir soin, quand on arrive au sommet du coteau de vérifier le jalonnage, en examinant si le jalon qu'on place sur la hauteur, par suite de ceux posés dans le vallon, se trouve dans l'alignement des jalons plantés de l'autre côté du vallon.

389. CHAINAGE D'UNE LIGNE DROITE. — Pour mesurer sur le terrain une droite AB (*fig.* 2), deux *chaîneurs* prennent la chaîne par l'une des poignées, et, la tendant suffisamment, la portent sur l'alignement de cette ligne, et cela à partir d'une de ses extrémités A. Le premier chaîneur plante une fiche à l'autre extrémité de la chaîne; puis ils s'avancent en suivant l'alignement jusqu'à ce que le deuxième chaîneur rencontre la première fiche contre laquelle il applique la poignée de la chaîne; si le premier chaîneur se trouve bien sur l'alignement il plante une deuxième fiche, et le second chaîneur enlève la première fiche et ainsi de suite. Toutes les fois que le premier chaîneur n'est pas sur l'alignement, le deuxième chaîneur lui fait signe d'appuyer à droite ou à gauche.

Quand on opère dans les bois, il faut dégager les fossés des branchages, ou faire une petite brisée pour pouvoir jalonner et porter la chaîne sans obstacle.

A la fin de l'opération le nombre de fiches qu'aura enlevées le dernier chaîneur, indiquera le nombre de décamètres contenus dans la ligne mesurée. S'il restait un nombre de mètres et de décimètres on les mesurerait séparément avec la chaîne, ou avec le bâton de l'équerre. On appelle *portée* une distance de 10 décamètres ou 100 mètres.

390. **VÉRIFICATION DU CHAINAGE.** — Pour se convaincre qu'une ligne a été bien mesurée, on n'a d'autres moyens que celui de recommencer le mesurage soit directement, soit dans un sens inverse. S'il arrivait qu'on trouvât une petite différence dans les résultats, on les ajouterait l'un à l'autre, et l'on en prendrait la *moyenne*, c'est-à-dire, qu'on diviserait par 2 la somme des deux chaînages, pour obtenir la longueur cherchée. Cette vérification est indispensable si l'on ne veut pas s'exposer à commettre des erreurs.

REMARQUE. — Il arrive très souvent dans la pratique de l'arpentage que l'on a à mesurer des lignes *tortueuses*, *sinueuses*, *brisées*. Si les sinuosités sont petites, on les rectifie par des droites imaginées de manière que la longueur totale de ces lignes soit au jugement de la vue, égale à celle de la ligne qu'on veut mesurer. Mais on ne peut plus employer ce procédé lorsqu'on veut avoir le plan du terrain, car il ne s'agit pas d'avoir seulement la longueur de la ligne, mais sa forme.

QUESTIONNAIRE. Qu'est-ce que l'arpentage? — Comment divise-t-on l'arpentage? — Décrivez la chaîne d'arpenteur, les fiches, les jalons? — Qu'est-ce que prendre un alignement? — ..... faire le chaînage d'une ligne droite? — Comment vérifie-t-on le chaînage? — Comment mesure-t-on une ligne tortueuse?

DEUXIÈME SECTION.

DE L'ÉQUERRE D'ARPENTEUR, DU GONIOMÈTRE ET DU VERNIER.

391. **ÉQUERRE D'ARPENTEUR ou OCTOGONE.** — L'*Équerre* d'arpenteur (*fig.* 28, *pl.* 24) est un instrument en cuivre dont on se sert pour élever, abaisser une perpendicu-

laire ou mener une parallèle sur le terrain. Elle a la forme d'un *prisme octogonal régulier* dont les huit faces latérales sont munies de fentes ou *pinnules* pour observer les objets. Quelquefois il représente un *cylindre creux* traversé verticalement et à angles droits par quatre de ces pinnules.

Lorsqu'elle a la forme d'un *octogone*, les lignes de *mire* ou pinnules se trouvent sur huit diamètres qui forment entr'eux huit demi-angles droits et qui, pris de deux en deux, sont perpendiculaires entr'eux. L'équerre porte à son centre une virole ou *douille* destinée à la mettre sur le haut du *pied* ou *bâton* (*fig.* 11) qui la supporte.

Le *bâton* n'a qu'une tige d'un mètre et demi de longueur; il doit être ferré par le bout qui entre en terre, et il faut qu'il soit assez fort pour que le vent ne fasse pas remuer l'instrument quand il est posé dessus. On peut diviser ce bâton de manière à ce qu'il puisse servir à vérifier la chaîne, ou à mesurer de petites étendues sur le terrain, comme aussi on peut attacher à l'équerre un fil à plomb pour avoir la facilité de mettre le pied dans une situation verticale; cette dernière précaution peut être utile surtout quand on travaille sur des terrains dont la pente est forte.

392. VÉRIFICATION DE L'ÉQUERRE. — Pour vérifier l'équerre, on la place sur le bâton planté verticalement et l'on examine si les fils de soie ou les fentes donnent des rayons perpendiculaires l'un à l'autre. Pour cela on place trois jalons le plus éloignés possible de l'instrument, dans l'alignement des deux rayons visuels donnés par les fils et qui sont censés perpendiculaires. On tourne l'instrument d'un quart de tour, de manière à alterner la position des fentes; si l'on aperçoit encore les deux jalons l'équerre est juste.

393. USAGE DE L'ÉQUERRE. — Toutes les opérations

que l'on fait avec l'équerre d'arpenteur consistent généralement à mener des perpendiculaires et des parallèles sur le terrain. Il est nécessaire de se bien exercer à cette pratique avant de commencer à travailler.

394. *Élever une perpendiculaire CD sur un alignement AB par un point O donné sur le terrain* (fig. 3, pl. 24).

On place le pied de l'équerre verticalement au point O; on dirige les fentes opposées sur AB et l'on regarde par les autres fentes perpendiculaires; en faisant placer un jalon D dans la direction du rayon, on détermine une ligne CD qui est évidemment perpendiculaire sur AB, puisque les fentes de l'équerre sont disposées à angles droits.

395. *Abaisser une perpendiculaire sur un alignement d'un point D pris en dehors* (fig. 4).

On se place d'abord à peu près à l'endroit où l'on juge que la perpendiculaire doit tomber, et si le point que l'on a pris au hasard n'est pas le pied de la perpendiculaire on avance ou l'on recule sur AB jusqu'à ce que l'on ait trouvé le point C, duquel dirigeant une des fentes de l'équerre sur l'alignement AB, on aperçoive le jalon D par l'autre fente ou fenêtre perpendiculaire.

Cette opération n'est qu'un tâtonnement, mais avec quelque habitude on rencontre au second ou troisième essai le jalon D.

396. *Mener sur le terrain une parallèle à une droite donnée par un point donné* (fig. 5).

1er Procédé. Du point donné C on abaisse une perpendiculaire CD sur la droite AB, puis du même point C on élève sur CD une autre perpendiculaire qui est la parallèle demandée.

Si la distance CD n'est pas très grande, ce procédé ne donne pas une parallèle bien exacte, parce qu'alors on n'est pas bien sûr de la perpendicularité ou de l'identité de la ligne CD.

Dans ce cas après avoir comme ci-dessus abaissé la perpendiculaire CD, on élève une autre perpendiculaire GH à AB par un point G très éloigné du point D, en prenant au moyen de la chaîne cette perpendiculaire égale à CD. La droite CH est alors la parallèle demandée. Il est utile de remarquer que ce procédé est d'autant plus exact que le point G est plus éloigné du point D. On peut même, lorsque ces points sont très éloignés, se dispenser d'élever ces perpendiculaires avec l'équerre ; on les mène alors à la simple vue.

Remarque. Il arrive très souvent qu'on ne peut pas placer l'instrument au point où la perpendiculaire doit être menée ; comme, par exemple, lorsque l'alignement sur lequel cette perpendiculaire doit être élevée est une haie, un mur, etc., alors on met deux jalons MN (*fig.* 6) à égale distance des points A et B, et dans une direction parallèle à la ligne AC, et l'on élève sur l'alignement MN et au point O une perpendiculaire OD qui l'est aussi sur AC.

397. GONIOMÈTRE. — On appelle *goniomètre* (*fig.* 12, *pl.* 23) une équerre d'arpenteur perfectionnée et très commode pour l'arpentage et le levé du détail d'un plan.

Cet instrument se compose de deux cylindres de même rayon superposés l'un sur l'autre. L'inférieur repose sur un pied à trois branches et peut tourner sur lui-même. Le supérieur tourne aussi sur lui-même au moyen d'un bouton B qui ne communique aucun mouvement au cylindre inférieur. Ces cylindres sont fendus l'un et l'autre dans le sens de l'axe suivant les lignes de vision V et V'.

Parallèlement à la circonférence *ab* de jonction, est tracée sur le cylindre inférieur C une circonférence *a'b'* graduée en 360° dont le zéro correspond à la ligne de vision V, et sur le cylindre supérieur C' se trouve un petit arc gradué appelé *vernier*, dont le zéro correspond à la ligne de vision V', et tel que les 15 divisions qui le composent équivalent à 14 des divisions inférieures.

398. **USAGE DU VERNIER ET DU GONIOMÈTRE.** — Pour se servir du *vernier*, il faut prendre pour le nombre entier de degrés de l'angle cherché, celui qui correspond à la division du limbe qui précède immédiatement le zéro du vernier, et ajouter à ce nombre autant de 15mes de degré qu'il y a d'unités dans le nombre correspondant à la division du vernier qui approche le plus de coïncider avec une des divisions du limbe. — Si, par exemple, le zéro du vernier se trouve entre 38 et 39 degrés, et que ce soit la 13me division du vernier qui approche le plus de coïncider avec une des divisions du limbe, l'angle mesuré sera de $38^{\circ}\frac{13}{15}$ de degré ou 38° 52'.

Lorsqu'on veut mesurer un angle avec le goniomètre, on plante un jalon sur la direction de chaque côté, on place l'instrument au sommet de l'angle, de manière que le pied A soit sur la même verticale que le sommet de l'angle, ce dont on s'assure au moyen d'un fil-à-plomb ; cela fait, on tourne l'instrument sur son pied de manière à apercevoir le jalon placé sur un des côtés de l'angle à travers la ligne de vision inférieure V : on tourne ensuite le bouton B de manière à amener la ligne de vision supérieure V dans la direction du signal placé sur l'autre côté de l'angle ; on lit alors le nombre de degrés de l'angle au-dessous du zéro du vernier sur la circonférence graduée.

QUESTIONNAIRE. Qu'appelle-t-on équerre d'arpenteur ? — Comment la vérifie-t-on ? — Quel est son usage ? — Comment mène-t-on avec l'équerre les perpendiculaires et les parallèles sur le terrain ? — Qu'est-ce que le goniomètre ? — Quel est l'emploi de cet instrument ? — Qu'appelle-t-on vernier ? — Quel est son usage ?

TROISIÈME SECTION.

DU GRAPHOMÈTRE ET DE LA BOUSSOLE.

399. Le *graphomètre* (*fig.* 18) est un instrument dont on se sert pour lever et rapporter les angles sur le terrain. Il se compose :

1° D'un *demi-cercle* en laiton ou *rapporteur* (373-4°) que l'on nomme *limbe du graphomètre* ;

2° D'une *alidade* fixe, ou règle en laiton, dont chaque extrémité porte une pinnule, c'est-à-dire une petite plaque rectangulaire aussi en laiton, et dans laquelle sont pratiquées une fente et une petite fenêtre traversée en son milieu par un crin tendu. Cette pinnule est ajustée à angles droits sur la règle ;

3° D'une alidade mobile autour d'une charnière placée au centre de la première alidade, c'est-à-dire au centre du demi-cercle. Cette alidade mobile est quelquefois remplacée par une *lunette* mobile aussi autour de son centre, et ayant un mouvement de bascule. Cette lunette porte à l'intérieur deux cheveux qui se croisent perpendiculairement sur son axe, et dont l'intersection dirigée sur le milieu d'un objet détermine la ligne de mire ;

4° D'une *boussole* (402) placée entre son diamètre et son limbe, et destinée à *orienter les plans*, c'est-à-dire à faire connaître la position de l'endroit où l'on est, et des objets que l'on observe par rapport au *méridien* (la ligne du *nord* au *sud*). La perpendiculaire à cette ligne détermine les deux autres points cardinaux *est* et *ouest*.

Le limbe du graphomètre est divisé comme celui du rapporteur en degrés, minutes, etc., ou en grades, minutes. Lorsque l'on veut obtenir une grande précision, on munit les extrémités de l'alidade mobile d'un *vernier* au moyen duquel on obtient, comme nous l'avons dit plus haut, la différence entre l'une des divisions de cet instrument et l'une des divisions du limbe.

Le graphomètre est porté par un trépied (*fig.* 9) auquel il s'adapte par une douille surmontée d'un genou en laiton. Ce trépied est accompagné de vis qui servent à le mettre promptement dans une position horizontale.

400. **VÉRIFICATION DU GRAPHOMÈTRE.** — On vérifie un graphomètre en promenant le vernier sur le limbe, et l'on examine au moyen d'une loupe si les divisions coïncident toujours. On peut aussi sur le terrain tracer un triangle et en mesurer séparément les angles. Si la somme de ces angles est égale à deux angles droits ou 180°, on est sûr de l'exactitude de l'instrument, surtout si l'opération a été répétée plusieurs fois.

401. **BOUSSOLE D'ARPENTEUR.** — La *Boussole* est un instrument qu'on employait exclusivement dans la marine, et dont on se sert dans l'arpentage pour mesurer les angles, lorsqu'on n'a pas besoin d'une précision plus grande que le $\frac{1}{4}$ d'un degré ou 15 minutes.

La boussole consiste en une boîte carrée (*fig.* 17) ou rectangulaire dans laquelle se trouve une circonférence graduée; au centre de celle-ci est suspendue sur un pivot fort pointu, une *aiguille aimantée*, très mobile, qui a la propriété remarquable, non pas de se tourner vers le nord, comme on le dit communément, mais de prendre une position constante dans un même lieu pendant un assez long espace de temps, et d'y revenir par une suite constante d'oscillations, quand elle en a été écartée.

A un des côtés de la boîte est fixée une lunette ou une alidade, appelée la *visière*, dont l'axe se meut dans un plan vertical, parallèle à la ligne marquée 0 — 180° ou 0 — 200 gr sur l'instrument, et dont les pinnules sont toujours dirigées du nord au sud.

La boussole est portée comme le graphomètre sur un trépied susceptible d'un mouvement de rotation horizontal.

402. VÉRIFICATION DE LA BOUSSOLE. — Pour vérifier la boussole on la place horizontalement sur son pied à l'extrémité d'une ligne droite, et l'on remarque le nombre de degrés que fait l'aiguille aimantée avec cette ligne. On va ensuite à l'autre extrémité de cette droite pour y prendre de la même manière l'angle formé par le jalon placé à la première extrémité de la ligne et l'aiguille aimantée. Si la boussole est exacte, cet angle sera égal au supplément du premier. Quand l'aiguille de la boussole étant en équilibre sur son pivot, arrasera le limbe, la boussole est horizontale, mais elle varie longtemps avant de se fixer si elle est bonne; toutefois il faut éloigner de l'instrument les substances ferrugineuses qui empêchent à l'aiguille aimantée d'indiquer la ligne du méridien.

USAGE DU GRAPHOMÈTRE ET DE LA BOUSSOLE.

403. *Mesurer avec le graphomètre un angle BAC sur le terrain* (fig. 7).

On place les jalons B, C le plus loin possible sur ces alignements AB, AC; on pose le graphomètre au point A, on vise sur C avec l'alidade fixe, et l'on fait tourner l'alidade mobile jusqu'à ce que l'on aperçoive le jalon B; l'arc du limbe compris entre la ligne de mire AC, et l'alidade mobile AB, est la grandeur de l'angle qu'on évalue en examinant sur le limbe et sur le bord du vernier les divisions qui coïncident ou qui en approchent le plus. Mais avant de le conclure, il faut s'assurer de l'exactitude soit en visant de nouveau sur les jalons, soit en recomptant sur l'instrument. Ainsi, quand on opère dans les bois, il faut dégager les fossés des branchages. Ce qui précède touchant le graphomètre s'applique au goniomètre par la substitution des fentes et fenêtres ou pinnules aux alidades. Cependant pour mesurer l'angle avec ce dernier instrument, on place le bâton bien verticalement au sommet A ; et si l'on opère avec le graphomètre il faut poser le trépied de manière à ce que le centre de l'instrument réponde avec le sommet A, et de plus, que le limbe du graphomètre soit dans une situation horizontale, ce à quoi l'on parvient avec le *niveau à bulle d'air* (*fig.* 15, *pl.* 23).

404. Lorsque l'on opère avec la boussole, on pose horizontalement l'instrument au sommet de l'angle à mesurer (pour placer horizontalement la boussole on se sert aussi du niveau à bulle d'air). On dirige successivement sa visière sur les jalons B et C placés aux extrémités des côtés de l'angle, et l'on compte le nombre de degrés qu'il y a sur le cercle, au fond de la boîte, entre zéro et l'aiguille aimantée. Les parties de degré se déterminent par approximation ; on compte ordinairement par moitié, par tiers ou par quart de degré, cette dernière précision suffit toujours pour les opérations de détail. Néanmoins, si l'on voulait obtenir la mesure exacte des angles, il faudrait :

1° avoir bien soin de corriger ces angles de l'erreur d'excentricité, si les distances n'étaient pas assez grandes pour qu'on pût la négliger, 2° vérifier l'exactitude de ces angles de la manière suivante :

Après avoir mesuré en A l'angle de AB avec l'aiguille aimantée (*fig.* 8), lorsqu'on se transporte en B, on mesure aussi l'angle de BA avec l'aiguille aimantée. Cet angle N'BE étant égal à l'angle DAS, on voit que la différence entre l'angle direct NSD et cet angle N'BE que l'on appelle *l'angle en retour* doit être de 180°. Par conséquent, si on lit 232° par exemple, pour le premier angle, on devra lire 232° ou 52° pour l'angle en retour.

QUESTIONNAIRE. Qu'est-ce que le graphomètre? — Comment est-il composé? — Comment vérifie-t-on son exactitude? — Qu'est-ce que la boussole d'arpenteur? — Comment est-elle construite? — Mesurez sur le terrain un angle avec le graphomètre? — ..... avec la boussole?

QUATRIÈME SECTION.

DE LA PLANCHETTE ET DE L'ÉCHELLE DES DIMES.

405. **PLANCHETTE.** — La *planchette* (*fig.* 13) est un instrument qui sert à tracer immédiatement sur le papier un angle égal à un angle du terrain.

Elle se compose d'une tablette de 40 à 50 centimètres de côté, bien plane, sur laquelle on colle la feuille de papier destinée à recevoir le dessin du terrain. Cette tablette est supportée par un trépied. Un mécanisme particulier, qu'il faut d'abord étudier sur l'instrument, permet : 1° de le disposer horizontalement, 2° de faire correspondre verticalement un point marqué sur la feuille de papier qui le recouvre avec un point du terrain.

On a en outre à sa disposition une règle plate appelée *alidade* garnie de deux pinnules qui permettent de la diriger exactement suivant les lignes du terrain que l'on veut figurer.

406. *Tracer avec la planchette un angle égal à un angle BAC du terrain* (fig. 9, pl. 24).

Pour tracer avec cet instrument un angle égal à un angle BAC du terrain, on se met en station au sommet de l'angle de manière 1° que la planchette MN soit horizontale (ce dont on s'assure avec le niveau à bulle d'air), 2° qu'un point *a* auquel on plante une aiguille très fine corresponde verticalement au sommet A de l'angle (ce dont on s'assure avec le fil à

13

plomb). Disposant ensuite l'alidade contre l'aiguille *ad*, on la fait tourner autour de cette aiguille de manière à apercevoir le jalon B et l'on trace alors sur la planchette la ligne *ab* le long de l'alidade; faisant ensuite tourner l'alidade contre l'aiguille de manière à apercevoir le jalon C on trace de la même manière la ligne *ac*. En supposant le terrain horizontal l'angle *bac* serait l'angle BAC du terrain transporté parallèlement à lui-même sur la planchette.

Si le terrain n'est pas horizontal, l'angle *bac* de la planchette n'est plus égal à l'angle BAC du terrain. L'angle *bac* s'appelle alors l'angle BAC du terrain *réduit à l'horizon*. Dans les levés c'est toujours *l'angle réduit à l'horizon* qu'il faut prendre au lieu de l'angle du terrain, et comme la planchette donne cet angle, on comprend l'utilité de cet instrument pour les levés.

407. ÉCHELLE DES DIMES. — Nous avons défini (171-175) *l'échelle de proportion* et son usage en général. Il nous reste à présent de nous occuper de l'échelle dite des *dîmes*, ou des *dixièmes*, au moyen de laquelle on obtient une grande précision dans le rapport d'un plan.

408. CONSTRUCTION ET USAGE DE L'ÉCHELLE DES DIMES. — On construit d'abord un rectangle MSRP (*fig.* 1, *pl.* 23), on divise chacune des hauteurs MP et SR en dix parties égales, et l'on mène par les points de division des droites parallèles à PR, qui partagent le rectangle en 10 bandes égales. On divise la base RP en un nombre quelconque de parties égales (*la division de la figure ci-dessus est décimale*), et l'on mène par les points de division des perpendiculaires à PR. On partage ensuite les bases PO et MN du rectangle MNOP en 10 parties égales; on mène la transversale PV, du sommet P à l'extrémité V de la première division MV dans la base supérieure ; et l'on mène par les autres points de division de MN, et par ceux de PO, ainsi que le représente la figure, des transversales qui sont parallèles à VP. La transversale NI et la perpendiculaire NO interceptent sur les droites qui ont été menées parallèlement à PR, des longueurs telles qu'on peut les prendre sur l'échelle depuis une fois jusqu'à 1000, et même jusqu'à 1500 en ajoutant la partie SXYR.

L'*échelle de proportion* sert comme nous l'avons déjà dit à rapporter les distances sur un plan.

Si l'on prend, par exemple, le millimètre pour représenter le mètre, l'échelle sera de 1 à 1000 ; si l'on prend le millimètre pour représenter 2 mètres, l'échelle sera de 1 à 2000. Une échelle de 1 à 2500 serait celle où le millimètre représenterait 2500 millimètres, c'est-à-dire 2 mètres 5 décimètres, etc.

QUESTIONNAIRE. Qu'est-ce que la planchette ? -- Quel est son usage ? -- Comment s'en sert-on ? -- Qu'est-ce qu'un angle réduit à l'horizon ? -- Qu'appelle-t-on échelle des dîmes ? -- Comment la construit-on ?

CHAPITRE II.

DU LEVÉ DES PLANS.

409. LEVÉ DES PLANS. — Le *levé des plans* a pour but de représenter en petit, sur le papier, la forme d'une pièce de terre, ou l'ensemble, la décoration et les détails d'un bâtiment. De là deux parties distinctes : *levé des terrains* et *levé des bâtiments*.

PREMIÈRE SECTION.

LEVÉ DES TERRAINS.

410. Lorsqu'on veut *lever le plan d'une étendue quelconque*, on commence par faire une reconnaissance préliminaire des points remarquables que présente le terrain, et à défaut de points remarquables assez nombreux ou convenablement placés, on y supplée par des jalons. On suppose ces points remarquables liés entr'eux par des lignes dont l'ensemble constitue le *canevas* ou *croquis* du plan. On lève d'abord le croquis et l'on s'occupe ensuite du levé des détails.

Quand on fait usage de la planchette, le plan du terrain se trace immédiatement sur la feuille de papier qui la recouvre, mais si l'on se sert de tout autre instrument, l'opération sur le terrain consiste à mesurer toutes les distances et à évaluer tous les angles nécessaires pour pouvoir : 1° *Construire sur le papier un polygone semblable à celui du terrain*; 2° *Vérifier si le polygone construit est effectivement semblable.*

On prend note des résultats et des observations sur le croquis ou sur un carnet disposé à cet effet; il reste ensuite à tracer le plan sur le papier, c'est-à-dire à rapporter les distances avec l'échelle de proportion et avec le rapporteur les angles du croquis.

Après ces opérations préalables on effectue le levé d'un plan par un des trois procédés suivants : 1° *Procédé du cheminement*, 2° *procédé des intersections*, 3° enfin *procédé des abscisses et des ordonnées.*

411. **PROCÉDÉ DU CHEMINEMENT.** — Le *procédé du cheminement* est fondé sur la définition des polygones semblables (*page* 46).

Soit ABCDE (*fig.* 10), le polygone que l'on veut lever.

Partant d'un des sommets A, on mesure le côté AB, l'angle B et le côté BC, l'angle C et le côté CD, l'angle D et le côté DE.

Ces mesures suffiraient à la rigueur pour construire sur le papier une ligne brisée *abcde* (*fig.* 11) qui donnerait, en la formant, un polygone semblable à celui du terrain. Mais pour vérification on mesure de plus le côté EA et les angles E et A. Alors la ligne EA qui formerait le polygone doit avoir à l'échelle la longueur de EA, et les deux angles *e*, *a* doivent être égaux aux angles E et A (153 — 161).

Si l'on n'a à sa disposition que la chaîne, on évalue les angles, soit par la mesure des diagonales, soit en prenant sur les côtés des distances BF, BC de 12 à 20 mètres. Mesurant la transversale FG, et construisant à l'échelle un triangle *fbg* semblable à FBG, on a sur le papier un angle *b* égal à un angle B du terrain.

412. PROCÉDÉ DES INTERSECTIONS. — Le *procédé des intersections* exige la mesure d'une seule distance convenablement choisie et qu'on nomme *base*.

Soient AB cette base et MN des points du canevas (*fig.* 12), stationnant d'abord en A, on mesure les angles MAB, NAB qui font avec la base les rayons dirigés du point A aux divers sommets qu'on peut apercevoir de ce point. On stationne ensuite en B, et l'on mesure de même les angles MBA, NBA... qui font avec la base les rayons dirigés du point B aux mêmes sommets.

Prenant sur le papier une longueur *ab* qui représente à l'échelle du plan la base AB, et construisant sur cette ligne *ab* comme base des triangles *amb*, *anb*.... semblables aux triangles AMB, ANB, le polygone que l'on forme en joignant les sommets des triangles sur le papier est égal (comme nous l'avons démontré *page* 46), au polygone déterminé sur les terrains par les sommets des triangles semblables.

On peut aussi stationner en un point P de la base, au milieu par exemple, et mesurer les angles APM, APN.... chacun des points du plan sera alors donné sur le papier par l'intersection de trois lignes, ce qui sert de vérification.

On opère très rapidement un levé par cette méthode, soit avec la planchette, soit avec un instrument qui donne les angles avec une grande précision.

Ayant ainsi fixé sur la feuille la position d'un certain nombre de sommets, pour fixer celle des sommets qu'on n'aurait pu apercevoir, on prend pour stations des points déjà déterminés, et, dirigeant de ces points des rayons visuels sur de nouveaux points, chacun d'eux peut être déterminé par les intersections trois à trois de ces rayons visuels.

413. Observation. — Il faut choisir la base de manière qu'on puisse apercevoir les points les plus remarquables du canevas sous des angles convenables ; l'intersection de deux lignes ne déterminant un point avec précision que lorsque ces lignes se coupent sous un angle différant très peu d'un droit.

La longueur de la base que l'on prend au moins égale au quart du côté de la feuille de papier sur laquelle on doit tracer le plan, doit être mesurée avec le plus grand soin. On peut aussi mesurer des distances entre des points remarquables et vérifier ensuite si les distances des points correspondants du plan sont les mêmes à l'échelle.

414. PROCÉDÉ DES ABSCISSES ET DES ORDONNÉES. — Ce procédé consiste à prendre soit intérieurement, soit extérieurement au polygone ABEDC que l'on veut lever (*fig.* 14), une ligne YX sur laquelle on abaisse des perpendiculaires de tous les sommets, et à mesurer la distance d'un point Y de cette ligne au pied de chaque perpendiculaire et les perpendiculaires.

Ainsi on évalue Ya et aA et bB, etc.; pour vérification on peut mesurer un des côtés BE, par exemple et une des diagonales AE. Cette méthode s'emploie lorsqu'on n'a à sa disposition que la chaîne et l'équerre d'arpenteur.

On trace sur le papier une ligne Y'X' pour représenter la base, et l'on prend sur cette ligne à partir d'un point Y', des longueurs $Y'a$, y', f', y', c', y', d', y', e' égales à l'échelle, aux longueurs correspondantes du terrain; par les points ainsi déterminés on élève avec la règle et l'équerre en bois des perpendiculaires sur Y'X', et prenant sur chacune de ces perpendiculaires des longueurs égales à l'échelle aux longueurs de aA, bB, cC.... les points A'B'C'D'E' ainsi déterminés sont les sommets de la figure semblable.

Lorsqu'on a levé le plan d'un canevas par un des procédés qui précèdent, le levé des détails consiste à rapporter les points ou les contours des lignes qu'ils présentent, à des points ou à des lignes du canevas dont on a determiné la position.

QUESTIONNAIRE. Qu'est-ce que le levé des plans? — Comment se divise le levé des plans? — Quels sont les trois procédés qu'on emploie pour le levé des terrains?

DEUXIÈME SECTION.

PROBLÈMES ET APPLICATIONS SUR LE LEVÉ DES TERRAINS.

415. CONTINUER UN ALIGNEMENT AU-DELA D'UN OBSTACLE. — Dans la pratique il est très difficile de *continuer un alignement au-delà d'un obstacle*, comme un bois, un étang, un bâtiment, etc., alors il est préférable de changer la direction de la ligne, que de s'exposer à la faire couder sur le terrain, en s'écartant toutefois le moins possible de la première, et en observant l'angle compris entre ces deux lignes avec un bon instrument. Mais si cet obstacle n'est qu'un arbre, on peut reculer trois jalons de deux ou trois décimètres, à gauche ou à droite, selon la grosseur de l'arbre, et continuer l'alignement sur ces jalons ainsi placés.

Il suffirait au besoin de ne déplacer que deux jalons; mais le troisième, qui doit se trouver exactement dans la direction des deux autres, rectifie et empêche de mener une ligne non parallèle à la première.

416. *Trouver la distance d'un point A à un point inaccessible mais visible M* (fig. 15).

On prend une base AB, telle que de son autre extrémité B on puisse aussi apercevoir le point M, et l'on construit sur le papier, à une échelle connue, un triangle semblable au triangle MAB dont on peut mesurer le côté AB, et les angles A et B. Le côté correspondant à AM sur le plan doit être égal à l'échelle, à cette distance.

On peut encore, si la nature du terrain le permet, et si la distance AM n'était pas très considérable, abaisser du point M une perpendiculaire MD sur la base AB, prendre l'angle MAB, et indiquer sur le terrain une direction AC, faisant avec AB le même angle que MA. Cherchant le point M' où cette direction coupe la perpendiculaire MD, la ligne AM' que l'on peut mesurer sur le terrain est évidemment égale à la distance demandée AM.

417. Si l'on n'a à sa disposition qu'une équerre d'arpenteur, on trace une base perpendiculaire à la distance AM (*fig.* 16) que l'on veut déterminer, l'on mesure sur cette base une longueur AC dont on indique l'extrémité C par un jalon, et l'on prend à la suite une longueur CB qui en est une fraction déterminée. Elevant en B une perpendiculaire dont on cherche l'intersec-

tion D avec la direction connue MC, les triangles MAC, CBD semblables donnent BC : AC :: BD : MA. Par conséquent, si on a pris BC, égal à $\frac{1}{20}$ de AC par exemple, BD est un vingtième de MA. Ainsi, mesurant BD, on en conclut que MA égale le vingtième de BD.

418. *Retrouver la distance d'un point A à un point inaccessible et invisible M* (fig. 17).

On chosit une base BC des deux extrémités de laquelle on peut apercevoir le point A et le point M, et on lève le quadrilatère ABCM. Le côté correspondant à AM doit être égal à l'échelle, à cette distance.

On peut encore, si la nature du terrain le permet, et si la distance AM n'est pas très considérable, déterminer les deux points M' et A', symétriques de M et de A par rapport à une base BC ; la ligne A'M' que l'on peut mesurer sur le terrain est égale à la distance demandée AM.

On trouverait par le même moyen la distance de deux points inaccessibles.

419. *Mesurer la hauteur d'un édifice dont le pied est inaccessible* (fig. 18).

Stationnant en C, on mesure avec le graphomètre dont on place le plan dans une position verticale, l'angle vertical DOB, et la distance AC que l'on suppose horizontale. Construisant sur le papier un triangle rectangle *dob* semblable à DOB, le côté DB est égal à l'échelle D à B, ajoutant la hauteur OC du pied de l'instrument, la somme est la hauteur de l'édifice.

On peut aussi mesurer la hauteur d'un édifice par son ombre. Si le sol aux environs de l'édifice n'est pas horizontal ou si le pied est inaccessible, le problème ne peut être résolu exactement que par le secours de la *trigonométrie* et du *nivellement*.

420. *Trouver sur un plan déjà tracé un point quelconque du terrain* (fig. 19).

Si ce point est un des points remarquables du canevas ou des détails, s'il a été en un mot indiqué sur le plan, il est facile de le reconnaître : mais s'il en est autrement, stationnant en ce point M, on observe les angles AMB, BMC formés par les rayons visuels MA, MB, MC menés de ce point à trois points A, B, C du terrain que l'on peut reconnaître sur le plan. Cela fait, on décrit sur la ligne *ab* du plan un arc de cercle, capable de l'angle AMB, et sur la ligne BC un arc de cercle capable de l'angle BMC. Ces deux arcs déterminent par leur intersection le point *m* correspondant au point M du terrain.

Si l'on opère avec la planchette, l'instrument étant en station au point M, on marque le point *m* de la planchette qui est sur la verticale de M, et dirigeant l'alidade successivement sur les points A, B, C du terrain, on trace les lignes *ma*, *mb*, *mc* qui font connaître les angles AMB, BMC, et le problème s'achève comme il a été dit précédemment.

OBSERVATION. — La solution de ce problème est très importante pour les levés, car il peut arriver que par suite de la nature du terrain, on soit obligé de choisir pour station un point M dont on ne connaît pas la position sur le plan.

QUESTIONNAIRE. Comment continue-t-on un alignement au-delà d'un obstacle ? — Trouvez la distance d'un point A à un point inaccessible mais visuel ? — Cherchez la distance d'un point A à un point inaccessible et invisible ? — Comment mesure-t-on la hauteur d'un édifice dont le pied est inaccessible ? — Trouvez sur un plan déjà tracé un point quelconque du terrain ?

TROISIÈME SECTION.

LEVÉ DES BATIMENTS.

421. LEVÉ DES BATIMENTS. —Le *levé des bâtiments* comprend trois parties principales : 1° opérations sur les

lieux; 2° détails sur la construction et la nomenclature des différents objets que l'on rencontre dans les bâtiments, et 3° travail du cabinet.

OPÉRATIONS SUR LES LIEUX.

422. **TRAVAUX EXTÉRIEURS.** — Les travaux extérieurs consistent à faire des *brouillons* et à prendre les notes nécessaires à l'exécution des plans, coupes et élévations, et à la rédaction d'un mémoire explicatif.

423. **BROUILLONS.** — Les *brouillons* sont des tracés faits à vue et sur lesquels on représente toutes les parties du bâtiment avec les cartes nécessaires pour en fixer les dimensions lors de la construction des dessins géométriques. Avant de commencer ces brouillons on fait la reconnaissance générale du bâtiment, on fixe les limites extérieures dites *hors-d'œuvres*, observant les murs mitoyens qui doivent entrer dans le levé, on prend une idée de la situation du bâtiment, de ses abords, de sa destination, de sa distribution, des communications des étages entr'eux, etc.

Pour faire un brouillon, on commence par faire une espèce de dessin sur lequel on porte les dimensions à l'aide du décimètre, au fur et à mesure qu'on prend les dimensions du bâtiment. Afin d'éviter la confusion dans l'inscription des cotes, on les écrit sur des lignes courbes et ponctuées (*fig.* 20) qui aboutissent aux extrémités des dimensions, et lorsque celles-ci sont trop courtes pour pouvoir placer au-dessus les chiffres, par les extrémités, on trace deux lignes ponctuées qui vont en divergeant, de manière à pouvoir contenir la cote. Sur les lieux on fait les brouillons au crayon, mais il faut avoir soin de les passer à l'encre sans attendre au lendemain; cette opération est une espèce de revue qui fait reconnaître les cotes omises.

Les brouillons, pour atteindre le degré de perfection dont ils sont susceptibles, doivent être si bien ordonnés, cotés, désignés, complétés, tenus nets et clairs, qu'on différant de plusieurs années leur rédaction, on puisse encore s'y reconnaître sans être obligé de visiter les lieux, ou qu'en les confiant à un homme de l'art n'ayant aucune connaissance du bâtiment, il puisse les rapporter avec la même facilité que l'auteur des brouillons.

On divise les brouillons des dessins généraux en *plans*, *élévations* et *coupes*.

424. Pour avoir une idée exacte d'un bâtiment, il faut au moins un plan des caves, un plan de chaque étage, un plan du grenier, deux coupes et deux élévations.

Les plans par lesquels il convient de commencer, sont des sections supposées faites par des plans horizontaux placés à des hauteurs convenables, et ordinairement fixées par une convention généralement adoptée entre les architectes, ainsi qu'il suit :

Dans les *caves*, à la hauteur de la naissance des *voûtes*;

Rez-de-chaussée et *étages*, à un décimètre au-dessus de la *tablette des fenêtres*;

Greniers, à 0^m 50 au-dessus de la *sablière*;

Mansardes, comme les étages ou comme les greniers, suivant la forme des constructions;

Faux-planchers, à la surface du plancher.

Pour représenter les cheminées, on suppose que le plan sécant se rabaisse assez pour couper les jambages ou consoles dans leur plus grande saillie sur le mur.

425. Trois sortes d'objets sont représentés dans les plans : 1° *la surface des parties coupées qu'on couvre de hachures*; 2° *les objets situés au-dessous du plan sécant, qu'on repré-*

sente par des lignes pleines; 3° enfin, *ceux situés au-dessus du plan que l'on projette par des lignes ponctuées.*

426. **REZ-DE-CHAUSSÉE.** — On commence à mesurer un bâtiment par le plan du rez-de-chaussée, attendu que les caves ne règnent pas toujours sous la totalité du bâtiment et que leur distribution ne donne souvent qu'une très fausse idée de celle du bâtiment, tandis que la distribution du rez-de-chaussée détermine ordinairement celle des étages supérieurs.

Ce qui va suivre sur le rez-de-chaussée peut s'appliquer aux étages supérieurs, jusqu'aux mansardes et greniers exclusivement.

Dans les maisons d'habitation il faut prendre :

1° Les mesures de toutes les parties coupées, savoir : les longueurs et épaisseurs des murs, piliers, colonnes, cages, marches et limons d'escaliers; les épaisseurs des cloisons; les dimensions des ouvertures, embrasures et jambages de portes et fenêtres; la largeur, la profondeur des cheminées, des alcôves, etc.;

2° Les mesures des objets situés au-dessous du plan sécant et projetés en lignes pleines, tels que : appuis de croisées, marches inférieures, limons et poteaux d'escaliers, soubassement et saillies des murs;

3° Les mesures des parties situées au-dessus du plan et projetées en lignes ponctuées telles que : les linteaux des portes et fenêtres, les marches et parties supérieures des limons d'escaliers, les corniches, poutres, saillies supérieures, moulures, etc.

De ces conventions, il résulte : que l'*on marque en* lignes pleines *les appuis des croisées, tandis que pour les portes on n'indique pas les seuils*, *mais on* ponctue *les linteaux, ce qui fait distinguer ces deux espèces d'ouvertures.*

427. **ESCALIERS.** — Comme dans les cages d'escaliers on ne saurait à quel point s'arrêter pour projeter les objets qui

sont situés au-dessous et au-dessus du plan, il est d'usage de ne jamais représenter sur un plan que ce qui est compris entre la surface du plancher et celle du plafond.

428. **MURS.** — On doit mettre le plus grand soin dans la détermination de l'*épaisseur des murs ;* quand on ne peut la prendre immédiatement il faut la déduire des mesures extérieures, et toujours s'assurer si les murs, principalement ceux de refend, sont uniformément épais dans toute leur hauteur et leur largeur.

Dans tous les plans il faut bien observer la direction des tuyaux de cheminée, afin de marquer à chaque étage la manière dont ils sont coupés par le plan sécant.

429. **PLAN DES CAVES.** — Le *plan des caves* offre des difficultés pour être en rapport avec celui du rez-de-chaussée. Pour établir ce rapport il faut déterminer avec précision des points de repère pris par les ouvertures des escaliers et des soupiraux.

Il faut examiner la forme des voûtes en berceau, voûtes d'arêtes, arcs de cloître, les descentes, lunettes et toutes les pénétrations qui peuvent s'y rencontrer, et qu'on doit projeter exactement par des lignes ponctuées; il faut de plus, marquer par un rabattement en lignes ponctuées la courbe génératrice de la surface qui doit être déterminée par coordonnées.

430. **DÉTERMINER LA HAUTEUR DES COMBLES.** — Pour *déterminer la hauteur des combles* on peut presque toujours prendre les côtés par l'intérieur en déterminant l'inclinaison des arbalétriers, l'épaisseur des pannes, celle des chevrons, celle du lattis, et enfin celle des matériaux qui composent la toiture ; lorsque les charpentes sont trop compliquées et trop élevées pour qu'on puisse les mesurer exactement, il faut, par l'extérieur, se placer dans le prolongement de la surface du

toit et former avec des jalons un triangle semblable à celui qui a pour hauteur celle du faîte, au moyen des distances horizontales qui sont connues on peut trouver assez exactement la hauteur du point inaccessible; on peut aussi employer des instruments propres à mesurer les hauteurs (419).

431. ÉLÉVATIONS. — Les *élévations* sont les projections des façades des édifices, sur des plans parallèles aux façades que l'on veut faire connaître.

Pour faciliter le levé de bâtiment, il convient de faire l'élévation immédiatement après les plans, parce que ces deux espèces de brouillons fournissent une grande partie des cotes pour les coupes. S'il s'agit de faire un projet, on fait l'élévation la dernière.

Le *plan du tableau* (360-364) est supposé passer assez loin du bâtiment pour ne couper aucun des objets saillants.

On représente sur le brouillon les abat-jour des caves, les soubassements, les perrons, seuils des portes et escaliers extérieurs, les ouvertures et encadrements des portes et fenêtres, avec leurs moulures, etc., etc. S'il se trouve des objets sculptés, on ne lève rigoureusement que l'encadrement, le reste se dessine par par imitation.

432. BROUILLONS DES GRANDS ET DES PETITS DÉTAILS. — Les *grands détails* sont ceux qui constituent l'ouvrage du tailleur de pierres, du maçon, du plâtrier, du charpentier, etc. Les *menus détails* sont presque tous des ouvrages de serrurerie travaillés à la lime.

Il est important de prendre sur place des notes afin de ne point éprouver d'incertitude lorsqu'on fait la rédaction, et de n'être pas obligé de retourner sur les lieux pour faire le mémoire.

Ces notes doivent embrasser l'origine, la destination et la distribution du bâtiment, comme les principales irrégularités qui peuvent exister dans les communications.

Nomenclature des divers objets des bâtiments et travail du cabinet.

433. **MURS.** — Dans les bâtiments on distingue six espèces de murs qui portent, suivant leur usage, des noms particuliers :

1° Les *murs de face* ou *extérieurs;* 2° les *murs de refend* ou *intérieurs ;* 3° les *murs mitoyens* dont la propriété et l'entretien appartiennent aux deux voisins ; 4° les *murs d'échiffre* qui portent les marches d'escaliers; 5° les *murs de terrasse* dont l'épaisseur dépend de la poussée des terres ; 6° enfin les *murs de clôture.*

434. **FENÊTRES ET PORTES.** — Les *fenêtres* varient de formes et de proportions ; en général on y distingue : 1° la *tablette* ou appui ; 2° le *tableau;* 3° l'*ébrasement ;* 4° l'*alége* ou embrasure. Les *portes* ont à peu près les mêmes formes que les croisées.

435. **CHEMINÉES.** — On distingue neuf choses dans une cheminée :

1° L'enchevêtrure ; 2° l'*âtre* ou foyer ; 3° le *contre-cœur* ou sur-épaisseur du mur de fond ; 4° le *manteau;* 5° le *chambranle,* c'est-à-dire le recouvrement qui enveloppe le manteau ; 6° la *hotte,* partie de la cheminée qui repose sur le manteau ; 7° le *tuyau,* par où s'échappe la fumée : il est ou dans œuvre, ou apparent, ou adossé ou dévoyé ; 8° les *languettes* ou petits murs en briques qui forment les parois intérieurs ; 9° enfin la *souche* qui est la réunion de plusieurs tuyaux qui s'élèvent au-dessus du comble.

CLOISONS. — Les *cloisons* se font ou en bois, ou en briques, ou en maçonnerie.

436. **CHARPENTE DE TOITURES.** — Les toits à un *pan* se nomment *appentis*, quand ils ont deux pans terminés par des murs, ceux-ci se nomment *pignons* ; il y a des croupes,

des pavillons en forme de pyramides, etc. Les toits sont soutenus par des systèmes de fermes placées de distance en distance qu'on nomme *travées* (*voir Dessin linéaire*, § 374.)

437. **TRAVAIL DE CABINET.** — La rédaction comprend le *travail graphique* et le *mémoire*; le travail graphique consiste à construire à l'aide de la règle et du compas toutes les parties levées; c'est au moyen des constructions géométriques qu'on le fait, et l'on voit seulement alors si les brouillons portent toutes les cotes nécessaires pour ne laisser aucun point indéterminé.

On s'occupe d'abord de la construction des dessins généraux, des plans, des élévations, des coupes, des grands et menus détails, et l'on termine par le mémoire qui doit être rédigé avec ordre, clarté et simplicité; il doit être écrit proprement, lisiblement et correctement.

QUESTIONNAIRE. Comment divise-t-on le levé des bâtimens? — Qu'appelle-t-on travaux extérieurs? — ..... brouillons? — Comment se divisent-ils? — Quelles sont les conditions essentielles des brouillons? — Quelles sont les règles générales à suivre pour les levés des différentes parties d'un bâtiment? — Déterminer la hauteur des combles? — Que comprennent les brouillons des grands détails? — ..... des petits détails? — Combien y a-t-il d'espèces de murs? — Quelles sont les pièces qu'on distingue dans les fenêtres et dans les portes? — ..... dans les cheminées? — ..... charpentes de toitures? — En quoi consiste le travail du cabinet?

CHAPITRE III.

MESURE DES SURFACES.

Nous avons traité au chapitre VIII de la Géométrie la mesure des surfaces. Il s'agit à présent de faire l'application sur le terrain des formules que nous avons données.

438. ARPENTAGE. — Lorsqu'il s'agit *d'arpenter un terrain*, ou d'en évaluer sa surface, il faut d'abord reconnaître sa configuration. Si le périmètre ou contour est terminé par des lignes droites, on fait planter des jalons aux divers sommets du polygone. On opère ensuite comme si l'on voulait lever le plan du terrain par le procédé des abcisses et des ordonnées (413), si ce n'est qu'on prend, lorsque c'est possible, une base intérieure qui n'est autre chose que la plus grande diagonale du polygone. En abaissant de tous les sommets des perpendiculaires sur cette base, on décompose la surface du terrain en triangles rectangles, et trapèzes rectangles (210) qu'on évalue séparément et dont on fait ensuite la somme.

439. *Evaluer la surface d'un terrain ayant la forme d'un triangle ABC* (fig. 20).

Supposons qu'on soit muni d'une équerre et que la chaîne soit bien étalonnée. Après avoir reconnu le terrain et fait jalonner le côté BC, si toutefois c'est nécessaire, on mène à cette ligne une perpendiculaire passant par le jalon A, et l'on mesure bien exactement la distance du point B au point C, et celle du pied O de la perpendiculaire au sommet.

La base AB a 78 mètres 6 décimètres, et la hauteur AO 49 mètres 3 décimètres. En suivant la formule (208) donnée pour la surface du triangle, on trouvera pour l'aire du triangle ABC $\frac{78,6 \times 49,3}{2}$ ou $78,6 \times 49,3 \times \frac{3874,98}{2}$ $= 1937^{m},49$, ou 1937 mètres carrés 49 décimètres carrés, ou bien 19 ares 37 centiares; car les mètres carrés sont des centiares, les centaines de mètres carrés des ares, et les dixaines de mille de mètres carrés des hectares.

440. *Trouver la surface d'un quadrilatère ABCD, dont les côtés sont inégaux* (fig. 21).

Après avoir planté aux angles les jalons A, B, C, D, on considère la droite AB, comme un alignement, sur lequel on élève au moyen de l'équerre deux perpendiculaires ED et FC, le quadrilatère est par-là divisé en trois parties : le triangle AED, le trapèze EFCD et le triangle FBC.

On mesure l'alignement AEFB en précisant la longueur des bases AE, EF et FB des figures, en lesquelles on a divisé le quadrilatère donné.

Ensuite on mesure les perpendiculaires ED et FC, hauteurs de ces figures et l'on obtient :

1° Triangle AED.	2° Trapèze DEFC.	3° Triangle FBC.
Base AE=$13^{m}75$.	1re base ED=$34^{m}25$.	Base FB= $4^{m}20$.
Haut' ED=36,25.	2e base FC=27 ».	Haut' FC=29 ».
	Haut' EF=31, 30.	

D'où l'on tire, en exécutant les calculs d'après les formules des nos 208 et 209,

Triangle AED $= 13,75 \times \frac{36,25}{2} = \ldots\ldots$ $247^{m}50$

Trapèze DEFC $= 34 + 27 \times \frac{31,30}{2} = \ldots$ 958 56

Triangle FBC $= 4,20 \times \frac{29,00}{2}$ .... 69 »

Surface totale....... $1275^{m}06$

On voit, qu'en additionnant les surfaces des trois figures en lesquelles on a divisé le quadrilatère, on a pour la superficie totale 1275 mètres carrés, 6 décimètres carrés, ou 12 ares 75 centiares.

441. On pourrait, en joignant par une diagonale ou directrice deux angles opposés du quadrilatère, diviser ce quadrilatère en deux triangles qui auraient la diagonale pour base commune, et pour hauteurs respectives les perpendiculaires menées de la base aux sommets de ces triangles. En opérant comme ci-dessus on aurait la surface demandée.

442. *Chercher la surface d'un champ ayant la forme d'un trapèze* (fig. 22).

Après avoir planté des jalons aux angles A, B, C, D, on porte l'équerre au point E pour déterminer la perpendiculaire ED, hauteur du trapèze. On mesure séparément les côtés parallèles AB, DC, et la perpendiculaire ED; et, en suivant la formule du § 209, on aura pour la surface

AB + DC $\times \frac{1}{2}$ DE, ou, en exécutant le calcul d'après les longueurs mesurées, on trouvera

$$58,28 + 43,35 = 102,60 \times \frac{19,60}{2} = 1018^{m}06$$

ou 10 ares 18 centiares.

443. *Evaluer la surface d'un polygone ABCDEFGH* (fig. 23).

Pour évaluer cette surface, on mène d'abord la diagonale AE qu'on prend pour base, et le point A pour point de départ; on chemine sur la base avec l'équerre d'arpenteur, et l'on cherche le pied R de la perpendiculaire la plus voisine BK. Laissant l'équerre en K, on mesure AK et KB, on cote ces mesures sur le croquis, et l'on revient en K sur la base, en levant alors l'équerre on cherche le pied L de la perpendiculaire la plus voisine LH; on mesure et on cote KL et LH. En revenant sur la base AE, on continue de même, en mesurant successivement les diverses parties ou segments de la base comprise entre les perpendiculaires abaissées des sommets, et en se détournant pour mesurer ces perpendiculaires.

Une fois l'opération terminée sur le terrain, on calcule la surface au moyen des mesures indiquées sur le croquis (*fig.* 24), en ayant soin de suivre les formules connues.

CALCUL.

1° Triangle ABK	$= \frac{15,60 \times 32,25}{2} = \ldots\ldots$	251^m	55
2° Trapèze BKMC	$= \frac{32,25 + 8,40 \times 43,90}{2} = .$	892,	26
3° Trapèze CMOD	$= \frac{8,40 + 40,20 \times 45,50}{2} =$	1251,	45
4° Triangle DOE	$= \frac{40,20 \times 30,35}{2} = \ldots\ldots$	610,	35
5° Triangle PEF	$= \frac{12,15 \times 20,35}{2} = \ldots\ldots$	123,	62
6° Trapèze GNPF	$= \frac{40 + 12,15 \times 16}{2} = \ldots$	417,	20
7° Trapèze GLNH	$= \frac{20,30 + 40 \times 88,25}{2} = ..$	2886,	91
8° Triangle ALH	$= \frac{22,75 \times 30,20}{2} = \ldots\ldots$	343,	52
	Surface totale.	6776^m	87

La surface totale du polygone ABCDEFGH serait donc de 6776 mètres carrés 87 décimètres carrés ou 67 ares 76 centiares.

Si le polygone a des angles rentrants, le procédé que nous venons d'indiquer peut quelquefois embarrasser. Dans ce cas, on décompose le polygone proposé en plusieurs polygones convexes par des diagonales, et l'on mesure séparément chacun de ces polygones.

444. *Trouver la surface d'un polygone dont l'un des côtés est très grand par rapport aux autres* (fig. 25).

Lorsqu'un des côtés AH du polygone est très grand par rapport aux autres, on prend ce côté pour base ; en élevant en A et en H des perpendiculaires AM et HO à la base, et abaissant des perpendiculaires de tous les autres sommets, on décompose le polygone en trapèzes rectangles, et en deux triangles dont on mesure les bases et les hauteurs.

On peut aussi abaisser des perpendiculaires de tous les sommets sur la base ou sur son prolongement, et calculant la surface **LBCDEFGK**, on en retranche celle des deux triangles rectangles **LAB, HGK.**

445. *Evaluer la surface d'un polygone dans l'intérieur duquel on ne peut pas pénétrer* (fig. 26).

1° Lorsqu'on ne peut pas pénétrer dans l'intérieur de la surface à mesurer ; par exemple, quand on veut avoir l'aire d'un bois isolé, d'un étang, on circonscrit à ce polygone un rectangle, ou une figure que l'on puisse mesurer ; ensuite de tous les sommets intérieurs A, B, C, D, E... on abaisse avec l'équerre d'arpenteur des perpendiculaires sur les côtés de ce rectangle ; on mesure la surface du rectangle circonscrit et l'on retranche celle du terrain compris entre son périmètre et celui du polygone.

2° Si le périmètre était terminé par des courbes, on ferait planter des jalons assez rapprochés pour que la partie du périmètre comprise entre deux de ces jalons ne différât pas sensiblement d'une ligne droite, et l'on opèrerait comme dans les exemples précédents.

446. *Mesurer une surface dont on ne peut avoir que le périmètre et les angles.*

Pour cela on lève le plan du terrain, et après l'avoir rapporté, on s'en sert pour obtenir la surface, en la décomposant, et en y mesurant les droites au moyen de l'échelle qui a servi à sa construction.

Remarque. — Lorsqu'il s'agit de mesurer un terrain dont le périmètre est sinueux, des arpenteurs emploient le procédé suivant : on choisit le côté du polygone le plus régulier pour ligne d'opération, et l'on élève à chacune des extrémités de cette ligne des perpendiculaires. On mène ensuite une parallèle à la ligne d'opération et l'on obtient ainsi un parallélogramme ou un trapèze que l'on mesure sans difficulté. Il ne reste ensuite qu'à évaluer les parties du terrain comprises entre le périmètre du terrain et celui du polygone; ce qui est très facile en suivant le procédé ci-dessus indiqué (445 — 2°).

447. CULTELLATION. — Quand on mesure la surface d'un terrain il ne faut évaluer que sa projection horizontale, c'est-à-dire la surface qu'on obtiendrait en abaissant de chacun des sommets du périmètre des perpendiculaires sur un plan horizontal, car il est facile de voir que sur un terrain incliné il ne vient pas plus d'épis de blé, de ceps de vigne, de plantes, d'arbres, etc., que sur la projection horizontale de ce terrain.

On appelle *cultellation* l'opération qui a pour but de ramener une surface inclinée à la surface horizontale qui lui correspond.

448. MÉTRÉ DES SURFACES. — Le *métré* qu'on appelait aussi *toisé* a pour objet la mesure des surfaces qui composent les bâtiments et terrains adjacents. Cette mesure est nécessaire à l'architecte, aux maîtres et mêmes aux ouvriers maçons, et surtout aux personnes qui sont chargées de faire d'après ces mesures, les états des lieux, les évaluations de dépenses, les frais de maçonnerie, peinture, collage, pavage, carrelage, couvertures des toits, etc.

Abstraction faite des principes du métier sur les prix des unités de travail de chaque espèce, sur la confection et le règlement des mémoires, et sur les conventions qui ont pour but la réduction des détails, le mesurage proprement dit, dépend des principes exposés ci-avant et dont nous avons donné plusieurs exemples. Il ne reste donc rien à dire là-dessus, à moins de faire un traité spécial.

QUESTIONNAIRE. Par quelles opérations commence-t-on la mesure d'un terrain? — Comment évalue-t-on la surface d'un terrain de forme triangulaire? — .... quadrangulaire? — Comment mesure-t-on un champ ayant la forme d'un trapèze? — Comment évalue-t-on la surface d'un polygone irrégulier? — .... d'un polygone dont l'un des côtés est très grand par rapport aux autres? — Comment trouve-t-on la surface d'un étang, d'un bois? — Quelle observation fait-on sur l'évaluation des terrains inclinés? — Qu'est-ce que le métré?

CHAPITRE IV.

NIVELLEMENT.

449. NIVELLEMENT. — Le *nivellement* a pour objet de déterminer de combien un point d'une surface est plus loin ou plus près qu'un autre point du centre de la terre, ou en d'autres termes de déterminer la hauteur comparative de deux ou plusieurs points d'un terrain.

450. COUCHE DE NIVEAU. — On donne le nom de *couche de niveau* à une surface sphérique, comme l'eau tranquille soit d'un lac ou de la mer, dont tous les points sont à une égale distance du centre de la terre.

On dit que deux points sont de *niveau* entr'eux ou sur la *ligne de niveau* lorsqu'ils sont sur une même ligne horizontale, c'est-à-dire également élevés au-dessus ou abaissés au-dessous d'une même couche de niveau. — Dans le cas contraire, lorsque deux points sont inégalement éloignés du centre de la terre, ou bien l'un plus élevé que l'autre, on cherche la *différence du niveau* au moyen d'instruments nommés *niveaux*, et cette opération s'appelle *nivellement* ainsi que nous l'avons dit plus haut.

451. **NIVEAU VRAI, NIVEAU APPARENT.** — En considérant la sphéricité de la terre et sa surface nous paraissant plate, nous appellerons *niveau vrai* l'arc de cercle dont tous les points sont de niveau entr'eux, et *niveau apparent*, une droite horizontale perpendiculaire à la direction du fil à plomb, c'est-à-dire à la ligne verticale.

La différence qui existe entre le niveau vrai et le niveau apparent est tellement insensible pour de petites distances qu'on peut la négliger lorsque la distance des deux points dont on veut connaître la différence de niveau n'est pas très considérable. Cependant, lorsqu'on veut faire venir de l'eau d'un lieu déterminé dans un pays, il faut en tenir compte. C'est pourquoi nous allons donner une table abrégée de cette élévation; et comme elle n'est que de 7 millimètres pour 300 mètres, nous ne la donnerons qu'à partir de cette distance de 100 en 100 mètres.

TABLE

des hauteurs du Niveau apparent au-dessus du Niveau vrai, depuis la distance de 300 mètres jusqu'à 10000.

DISTANCE en MÈTRES.	ÉLÉVATION DU NIVEAU APPARENT au-dessus du Niveau vrai.	DISTANCE en MÈTRES.	ÉLÉVATION DU NIVEAU APPARENT au-dessus du Niveau vrai.
300	0m 007m	2000	0m 314m
400	0m 015	2500	0m 490
500	0m 019	3000	0m 707
600	0m 028	3500	0m 962
700	0m 038	4000	1m 257
800	0m 050	4500	1m 590
900	0m 063	5000	1m 963
1000	0m 078	5500	2m 376
1100	0m 095	6000	2m 827
1200	0m 113	6500	3m 318
1300	0m 132	7000	3m 848
1400	0m 153	7500	4m 418
1500	0m 177	8000	5m 026
1600	0m 201	8500	5m 674
1700	0m 227	9000	6m 362
1800	0m 254	9500	7m 088
1900	0m 283	10000	7m 854

Pour mener dans la campagne une ligne horizontale, on se sert d'un instrument appelé *niveau d'eau* (fig. 10).

452. NIVEAU D'EAU. — Cet instrument est formé d'un tube cylindrique en fer blanc dont les extrémités recourbées à angles droits se terminent chacune par une fiole en verre. Ces fioles sont graduées. On place verticalement l'instrument sur un trépied autour duquel il peut tourner dans tous les sens. Le tube est rempli, à peu de chose près, d'une eau colorée. D'après les principes de l'hydrostatique, non seulement la surface du liquide dans un vase est un plan horizontal, mais si le

vase a plusieurs branches qui communiquent entre elles, les diverses surfaces du liquide dans toutes ces branches sont dans un même plan horizontal. Ce plan s'appelle le *niveau du liquide.*

453. *Mener au moyen du niveau d'eau, une ligne horizontale dans la campagne* (fig. 27).

Pour cela, on fait planter verticalement aux extrémités de la ligne à mener, deux perches ou règles divisées appelées *mires*, munies toutes les deux d'une seconde règle nommée *voyant* (*fig.* 16) qu'on peut faire glisser à volonté le long de la première, et fixer, au moyen d'une vis, en tel point de la perche qu'on le veut.

On place le niveau entre les deux perches. On met l'œil en *c*; et à l'aide de signaux convenus, on fait élever ou abaisser le voyant **D** jusqu'à ce que son centre se trouve dans le plan horizontal déterminé par les surfaces du niveau de l'eau aux points *c* et *a*. Ensuite on place l'œil en *a* et l'on varie la position du voyant **E**, jusqu'à ce que son centre se trouve dans le plan du niveau du liquide; on est sûr alors que la droite **DE** est horizontale, puisqu'elle a deux de ses points dans un plan horizontal. On lit alors derrière le voyant au moyen des divisions qui sont tracées sur les deux règles la hauteur des points **D** et **E**. Cette hauteur est essentiellement nécessaire dans le *nivellement* d'un terrain.

454. *Niveler un terrain.*

Soient **A**, **B**, **C**, **D**, **E** (*fig.* 28) une série de points remarquables d'un terrain, et supposons que le point **A** appartienne au plan horizontal auquel on veut rapporter tous les autres points, au niveau de la mer par exemple. On élève d'abord verticalement en **A** et en **B** les perches munies de voyants; on place le niveau d'eau entre **A** et **B**, et l'on détermine l'horizontale **A'B'**. Cette droite étant parallèle au plan horizontal qui forme le niveau de la mer, tous ses points sont à égale distance de ce niveau; l'élévation des points A' et B' au-dessus de ce niveau de la mer est donc le même; l'élévation du point B au-dessus de ce plan est la différence des verticales AB' et BB', c'est-à-dire la hauteur verticale du point B au-dessus du point A.

Ensuite on transporte le niveau d'eau entre B et C; on élève verticalement au point C une autre perche et l'on détermine l'horizontale B'' C', la hauteur verticale en point C au-dessus du point B est la différence des verticales BB'' et CC'. En ajoutant à cette hauteur celle du point B au-dessus du point A qu'on a déjà déterminée, on obtient la hauteur verticale du point C au-dessus du point A. On répète les mêmes opérations jusqu'au point le plus élevé du terrain.

455. *Continuer le nivellement d'un terrain qui commence à descendre* (fig. 29).

Si le terrain commence à descendre on opère de la même manière; il n'y a de différence que dans les calculs. En supposant, par exemple, que connaissant la hauteur verticale du point D au-dessus du point A, on ait à déterminer celle du point E, on élève verticalement au point E une perche avec le voyant; on établit le niveau d'eau entre D et E, et l'on détermine l'horizontale D'E. La différence des verticales EE' et DD' est la hauteur verticale du point D au-dessus du point E. Or on connaît déjà la hauteur verticale du point D au-dessus du point A; en retranchant la plus petite de la plus grande, on aura la hauteur verticale du point D au-dessus du point A; en retranchant la plus petite de la plus grande, on aura la hauteur verticale du point E au-dessus du point A; en retranchant la plus petite de la plus grande, on aura la hauteur verticale du point E au-dessus du point A, ou du point A au-dessous du point E.

Pour fixer les idées, supposons que la hauteur verticale du

point D au-dessus du point A soit de 3^m 75, et que la hauteur verticale du même point D au-dessus du point E soit de 1^m 7, on en conclura que la hauteur verticale du point E au-dessus du point A est de 3^m 5 moins 1^m 7, ou de 1^m 8. Mais si l'on avait trouvé que la hauteur verticale du point D au-dessus du point A fût de 1^m 4, et que la hauteur verticale de cè point D au-dessus du point E fût de 2^m 6, on en conclurait que la hauteur verticale du point A au-dessus du point E est de 2^m 6, moins 1^m 4, ou de 1^m 2; ou bien que le point E est situé à 1^m 2 de distance verticale au-dessous du plan horizontal qui passe par le point A, lequel se trouve ici le niveau de la mer.

Il est indispensable de rapprocher d'autant plus les stations que la pente du terrain est plus considérable, parce qu'il pourrait arriver, les perches munies de voyants étant de longueur déterminée, que l'horizontale du niveau d'eau passât au-dessus de l'une des perches, ou qu'elle vînt couper le terrain au-dessous.

456. **NIVEAU DE MAÇON.** — On emploie dans les constructions pour vérifier les plans horizontaux un instrument simple que l'on désigne sous le nom de *niveau de maçon* ou *à perpendicule*, et qui se construit de plusieurs manières, et dont l'usage est fréquent. — Mais lorsqu'on a besoin d'une grande exactitude, par exemple, pour niveler un billard, on se sert *du niveau à bulle d'air* (fig. 15).

Questionnaire. Qu'est-ce que le nivellement? — Qu'appelle-t-on couche de niveau? — ..... différence de niveau? — ..... niveau vrai? — ..... niveau apparent? — ..... Qu'est-ce que le niveau d'eau? — Comment mène-t-on, au moyen du niveau d'eau, une ligne horizontale dans la campagne? — Comment nivelle-t-on un terrain? — Continuez le nivellement d'un terrain qui commence à descendre? — Quel est l'usage du niveau de maçon et du niveau à bulle d'air?

CHAPITRE V.

GÉODÉSIE.

457. GÉODÉSIE. — La *Géodésie* a pour but le partage des propriétés rurales en parties équivalentes ou proportionnelles à des nombres donnés.

458. — Le partage d'un terrain peut se faire de deux manières :

1° En cherchant par le calcul, les quantités inconnues, au moyen de celles données ou mesurées ;

2° En levant d'abord le plan du terrain pour y placer des bornes.

Ces deux procédés reposent sur les mêmes principes, mais le premier est préférable lorsqu'on veut donner de la précision à son travail, et qu'on ne veut pas retourner sur le terrain pour y placer des bornes. Cependant on suit rarement ces procédés, et les parties co-partageantes s'en rapportent à la sagacité des arbitres que la pratique seule rend habiles dans ces sortes d'opérations, et particulièrement dans l'appréciation des terrains.

APPLICATIONS SUR LE PARTAGE PAR ÉGALITÉ DE CONTENANCES.

459. *Partager un terrain de forme rectangulaire.*

Pour partager un terrain de forme rectangulaire, on divise

la base en parties égales ou en parties proportionnelles aux nombres donnés, suivant que le terrain doit être partagé en parties égales ou en parties proportionnelles à des nombres donnés, et par les points de division on mène des perpendiculaires à la base.

460. — *Diviser une pièce de terrain de forme triangulaire.*

On divise la base en parties égales et l'on mène par le sommet et les points de division des droites qui résolvent le problème.

Mais si les parties désiraient que la division fût faite par des lignes parallèles à la base, il faudrait s'y prendre autrement. Pour fixer les idées supposons qu'un des côtés adjacents à la base soit de 100 mètres, et que le terrain doive être partagé en 9 parties égales (*fig.* 30). Il est évident que la première ligne de division à partir du sommet doit détacher du triangle donné un petit triangle qui soit semblable au triangle donné et dont la surface soit 9 fois plus petite. Si donc on représente par x la distance CE on aura la proportion $x^2 : 100^2 :: 1 : 9$, d'où $x : 100 :: \sqrt{1} : \sqrt{9}$, ou comme $1 : 3$, d'où $x = \frac{100}{3} = 33^m 33$. — Maintenant la deuxième ligne de division doit détacher un triangle FGC semblable au triangle total, et dont la surface soit à celle du triangle EDC comme $2 : 9$, d'où $CF : 100 :: \sqrt{2} : \sqrt{9}$, d'où $CF = 100 \times \frac{\sqrt{2}}{3}$. En faisant les calculs indiqués on obtiendrait la distance CF, et en continuant ces calculs on trouverait successivement tous les points de division du côté CA, en portant à partir du point C les distances CE, CF, etc. Ensuite, en menant des parallèles ED, FG, HL, etc., on diviserait le triangle en parties égales. En effet, d'abord le premier triangle EDC est le $\frac{1}{9}$ du triangle total, le triangle CFG en est les $\frac{2}{9}$, et par suite, le trapèze EFGD est encore le $\frac{1}{9}$ du triangle total.

461. — *Partager un jardin ayant la forme d'un trapèze* (fig. 31).

On divise séparément chacune des bases parallèles en parties égales, et l'on joint par des points de division les trapèzes partiels ainsi formés sont équivalents comme ayant des bases égales et une hauteur commune.

462. — *Partager un terrain en plusieurs parties, chacune d'une contenance déterminée.*

Pour diviser un terrain suivant les conditions données, les experts arbitres lèvent d'abord le plan, et sur ce plan ils dirigent les lignes de partage selon les circonstances ou la volonté des parties co-partageantes en s'appuyant sur le calcul. Mais comme l'évaluation des diverses parcelles d'une propriété ainsi partagée est subordonnée à différentes causes, ils ont égard, en général, à la nature du terrain, au produit, au genre de culture, à l'écoulement des eaux, aux moyens d'arrosage, aux avantages et aux inconvénients de la proximité des cours d'eau, des chemins, des grandes usines, des forêts, etc., qui avoisinent ou limitent la terre à partager, et procèdent au partage par le tâtonnement, ou au moyen de procédés qui varient selon les circonstances et que la grande pratique seule enseigne.

DES PARTAGES.

463. **TEXTE FONDAMENTAL DE LA LOI SUR LES PARTAGES.** — « Nul ne peut être contraint à demeurer dans l'indivisision, et le partage peut toujours être provoqué, nonobstant prohibitions et contraventions contraires. » Tel est le texte de l'article 815 du code civil, dont l'objet rentre dans notre cadre, en tant qu'il s'applique aux immeubles territoriaux.

Le partage peut être fait d'un commun accord par les parties indivisitaires, si elles sont toutes majeures, ou avec l'intervention de la justice. Dans l'un et l'autre cas, le concours des experts-géomètres est sinon légalement obligé, du moins à peu près indispensable, car dans la plupart des partages d'immeubles il y a lieu d'effectuer certaines opérations qui ressortissent de leur spécialité.

Les experts ont encore une autre tâche à remplir; et celle-ci, indépendamment des connaissances spéciales en géométrie qu'elle suppose, exige de plus des notions assez étendues en agriculture et en économie rurale. On va s'en convaincre par la lecture du texte de la loi qui réclame leur concours et formule leur mission : « L'estimation des immeubles, porte l'article 824 du Code civil, est faite par experts choisis par les parties intéressées, ou, à leur refus, nommés d'office. — Le procès-verbal des experts doit présenter les bases de l'estimation; il doit indiquer si l'objet estimé peut être commodément partagé; de quelle manière; fixer enfin, en cas de division, chacune des parts qu'on peut en former et leur valeur. » A quoi l'article 827 ajoute que « si les immeubles ne peuvent se partager commodément, il doit être procédé à la vente par licitation devant le tribunal. »

On voit de quelle importance doit être la réponse des experts sur ce chef de leur mandat, puisque, selon que cette réponse sera affirmative ou négative, les biens, partagés en nature, resteront dans les mains des indivisitaires ou seront vendus publiquement pour ne soumettre au partage que leur prix. Les autres parties du mandat n'ont pas moins d'importance, car de leur fidèle exécution dépend l'accomplissement du premier vœu de la loi, en cette matière, l'égalité des partages.

C'est encore ici un point qui se refuse à tout développement élémentaire, et sur lequel il faut s'en remettre à l'habitude des opérations de ce genre, pour l'éducation des jeunes experts.

Au reste, les dispositions législatives que nous venons de transcrire, pour leur usage, trouvent un utile commentaire dans un article subséquent dont nous ne saurions omettre ici la teneur. « Dans la formation et composition des lots, dit l'article 832, on doit éviter autant que possible, de morceler les héritages et de diviser les exploitations ; et il convient de faire entrer dans chaque lot, s'il se peut, la même quantité de meubles, *d'immeubles*, de droits ou de créances de la même nature. »

Ainsi, d'une part, recommandation de ne pas morceler les héritages; d'autre part, recommandation d'attribuer à chaque lot la même qualité de biens de la même nature; deux prescriptions qui seraient bien souvent inconciliables, s'il fallait les prendre à toute rigueur, mais dont la loi facilite la pratique en employant les expressions extensives *autant que possible*, *s'il se peut*, et en se confiant ainsi à la prudence et à la sagacité des experts.

Disons toutefois que l'usage nous semble avoir fait trop prévaloir la dernière partie de cet article sur la seconde, et qu'en général les experts, s'exagérant les principes de l'égalité, veulent à tout prix que chaque parcelle d'une qualité et d'une culture données fournisse à chaque lot l'une de ses fractions. Ainsi, le pré, le jardin, la vigne, les terres labourables d'une même exploitation sont divisées en autant de parts qu'il y a de co-partageants, au grand préjudice des exploitations partielles. Il en résulte en effet un morcellement abusif qui, sans laisser aux co-partageants les avantages de la variété des produits en quantité suffisante, divise aussi leur industrie, éparpille leurs travaux, grève leurs champs d'incommodes et nombreuses servitudes, et blesse enfin par son excès l'intérêt public, qui n'a pas été non plus étranger à la rédaction de la première partie de l'article 832.

C'est donc, nous le croyons du moins, un utile conseil à donner aux experts que d'insister pour qu'ils fassent une part plus large à cette disposition. L'égalité des partages ne sera pas rompue s'ils procèdent par voie d'équivalents en valeur. Ils devront pour cela s'attacher d'abord, à diviser les biens selon les convenances d'autant d'exploitations distinctes qu'il y aura de lots à former, ne donner qu'une attention relativement secondaire à l'identité de nature et de culture, compenser la qualité par la quantité, et offrir ainsi à chaque co-partageant un domaine réduit dans ses dimensions; mais bien ramassé, compacte, libre de services fonciers et capable de suffire, sans dispendieuses annexes, aux besoins de son nouveau possesseur.

QUESTIONNAIRE. Quel est le but de la géodésie? — Comment partage-t-on un terrain de forme rectangulaire? — Comment divise-t-on une terre de forme triangulaire? — Comment partage-t-on un jardin ayant la forme d'un trapèze? — Comment partage-t-on un terrain en plusieurs parties égales, chacune d'une contenance déterminée? — Quel est le texte fondamental de la loi sur les partages?

CHAPITRE IV.

DU BORNAGE.

464. NÉCESSITÉ ET BUT DU BORNAGE. — Les anticipations brusques ou successives, entre propriétaires d'héritages limitrophes, et les conflits qu'elles occasionnent sont fréquents dans les campagnes. Ils le seraient davantage encore si l'on n'avait imaginé et mis en pratique des moyens pour les prévenir. Tel est le but du *bornage* dont l'invention est probablement aussi ancienne que la propriété elle-même, car la nécessité a dû s'en faire sentir dès le moment où les hommes se sont livrés à la culture du sol.

465. **DÉFINITION DU BORNAGE.** — Le bornage est donc l'opération par laquelle on marque la ligne séparative des héritages limitrophes au moyen de signes naturels ou artificiels qu'on appelle *bornes*.

466. **DOUBLE ÉLÉMENT DU BORNAGE.** — Il embrasse communément deux opérations distinctes : 1° la recherche des confins de chaque héritage, soit qu'ils n'aient jamais été fixés par des bornes, soit que ces bornes, anciennement posées, ne paraissent plus, et qu'il faille les découvrir ou les remplacer ; 2° la plantation de nouvelles bornes, suivant certaines règles que nous indiquerons plus tard, et la rédaction du procès-verbal qui la constate et la décrit.

Ainsi qu'on va le voir, l'une et l'autre opération exige, pour être bien faite, le concours des arpenteurs-experts et l'emploi des procédés géométriques. C'est par là que la matière du bornage rentre dans notre sujet et en forme l'une des parties les plus importantes. On peut même affirmer, d'après le témoignage de l'histoire des temps anciens, qu'à la nécessité de reconnaître et de fixer les limites agraires sont dues les premières notions de la géométrie, et la première application de ses lois.

467. **DEUX ESPÈCES DE BORNES.** — Les bornes sont de deux espèces : *immobiles*, comme l'est le lit d'une rivière, une colline, un rocher, un édifice : ou *mobiles*, comme une pierre, un pieu, ou tout signe facile à déplacer. C'est à ces der-

nières qu'appartient plus spécialement la dénomination et le caractère de bornes.

468. **MODE DE PLANTATION DES BORNES MOBILES.** — La forme des bornes mobiles, les matériaux qu'on y emploie et le mode de leur plantation ont varié suivant les temps et les lieux. Cependant, l'usage le plus général aujourd'hui est d'enfoncer verticalement en terre, au sommet de tous les angles saillants et rentrants de l'héritage, une pierre oblongue dont la plus petite extrémité s'élève de quelques centimètres au-dessus du sol. Pour que la pierre bornale ne puisse pas être confondue avec celles que le hasard aurait jetées dans la terre ou à sa surface, on a soin de signaler son caractère terminal en enfouissant au-dessous ou autour deux fragments plus petits d'une pierre plate ou les deux moitiés d'une brique. Si, plus tard, ces deux fragments découverts et rapprochés se raccordent exactement entre eux, et s'il devient ainsi évident qu'ils ont fait partie du même tout, on en conclura qu'ils marquent la place d'une borne, alors même que la pierre bornale aurait disparu. Quelquefois on enfouit avec la borne de petits cailloux, des tessons de tuiles, du charbon concassé, des morceaux de verre, ou toute autre matière incorruptible dont l'amas atteste la même intention. Ces signes accessoires sont appelés *témoins* ou *garants*. Dans quelques coutumes on les désignait sous les noms de *perdriaux* et *filleules*.

469. **PROCÈS-VERBAL DE BORNAGE.** — Comme les bornes plantées supposent une convention entre les propriétaires dont elles divisent les héritages, et ne doivent qu'à cette convention leur caractère probant; comme, d'un autre côté, l'un des propriétaires pourrait, à l'insu de l'autre, poser frauduleusement de fausses bornes qui présentassent toutes les apparences de bornes conventionnelles, il doit être dressé un procès-verbal

descriptif de leur plantation contradictoire, et chaque partie intéressée doit en conserver un double signé de l'autre, à moins qu'on ne le rédige en acte notarié ou que le bornage ne soit effectué par autorité de justice. Dans ces deux derniers cas le procès-verbal, inséré dans les minutes du notaire ou annexé au jugement, reste, comme preuve authentique de l'opération, dans un dépôt public où il peut toujours être consulté. A ces conditions, les bornes trouvées sur le terrain et décrites dans le procès-verbal deviennent et sont appelées *bornes jurées* ou *bornes de foi.*

470. NOTIONS JURIDIQUES SUR LE BORNAGE. — On voit par là que cette matière tombe dans le domaine du droit civil. Les notions juridiques qui en forment le développement seraient pour la plupart étrangères à notre sujet. Il suffira de rappeler ici les plans élémentaires, pour l'usage des géomètres-experts.

Le droit de demander judicieusement le bornage est inhérent au droit de propriété; l'obligation d'y souscrire est rangée par la loi au nombre des servitudes naturelles (*art.* 646 *du Code civil*). C'est pour cela que l'action en bornage est imprescriptible, c'est-à-dire que, quel que soit le temps pendant lequel les héritages contigus n'ont pas été séparés par des bornes, l'un des propriétaires ne doit pas dénier à l'autre le droit d'en faire planter. En effet, les actes de pure faculté ne peuvent jamais fonder ni prescription ni possession utile.

Mais on peut bien prescrire au-delà de la ligne où sont placées les bornes. Ce n'est pas là prescrire *contre* son titre, ce que défend l'article 2240, mais prescrire *outre* son titre. Si cependant la possession était le résultat d'une légère anticipation, commise, par exemple, en sciant, en fauchant ou en labourant, elle pourrait paraître clandestine au juge, et par suite inefficace.

Le bornage ayant pour objet l'utilité commune des propriétaires limitrophes, il doit être fait à frais communs (*art. 646 du Code civil*). Par frais de bornage, on entend le prix des matériaux, les honoraires des personnes chargées de l'opération, et les frais du procès, s'il a fallu recourir à la justice pour opérer le bornage. Toutefois si l'une des parties avait élevé des difficultés mal fondées pendant ou avant l'opération elle serait seule condamnée à supporter le supplément de frais auquel aurait donné lieu sa résistance.

Ces préliminaires posés, voyons comment doivent agir les experts-géomètres chargés par les parties ou par la justice de procéder aux opérations du bornage.

471. **APPLICATION DES TITRES RESPECTIFS DES PARTIES.** — L'existence et l'étendue du droit de propriété résultent des titres écrits et de la possession. Nous ne disons rien sur la possession parce que ce n'est pas aux experts-géomètres qu'il appartient d'en apprécier les caractères et les effets. Quant aux titres dont l'examen forme une partie essentielle du mandat des experts-géomètres, ils sont, à défaut de possession contraire, le point de départ du bornage et le fondement de ses résultats. Nous en distinguerons de plusieurs sortes qui doivent jouer des rôles divers dans l'opération terminale.

472. **ANCIENS PROCÈS-VERBAUX DE BORNAGE.** — Ce sont les titres les plus démonstratifs et les plus dignes de foi, lorsqu'étant produits à l'appui d'une demande en bornage rendue nécessaire par la disparution des anciennes bornes, ils s'appliquent manifestement et sans contradiction aux héritages qu'on doit aborner de nouveau. L'expert fait, dans ce cas exécuter des fouilles sur la limite respectivement revendiquée; il s'aide, des énonciations de l'ancien procès-verbal, il en compare les détails prescriptifs à l'état des lieux, et, si ce procès-

verbal a été rédigé avec quelque intelligence, le moindre vestige d'une seule des anciennes bornes suffit à l'opérateur pour emplacer les autres.

473. **TITRES DE PROPRIÉTÉ PROPREMENT DITS.** — Nous entendons par là les actes de vente, d'échange, de donation, de partage, les jugements d'adjudication, en un mot tous les contrats consensuels ou judiciaires qui attribuent la propriété à celui qui les produit à l'appui de sa prétention. On comprend qu'ici la preuve de la légitimité des confins sera moins certaine et plus suspecte, car lors de la passation de ces actes de transmission le voisin auquel on les oppose n'a pu surveiller ses droits, et celui qui s'en prévaut, ou ses auteurs, peuvent avoir exagéré les leurs en énonçant, au préjudice du premier, plus de contenance qu'on ne pouvait lui en transmettre. Toutefois, à défaut de documents plus irréprochables, c'est d'après les titres respectifs de propriété qu'on est dans l'usage de fixer la limite incertaine. Pour cela, l'expert mesure l'étendue superficielle de l'un et l'autre héritage, compare les contenances obtenues par l'arpentage avec celles portées dans les titres, et en induit la position des lignes de contiguité.

474. **SOLUTIONS SUR LES CONTENANCES.** — Mais les titres respectifs peuvent se trouver en désaccord ou muets sur les contenances; à cet égard, quelques règles de solution ont été posées par les jurisconsultes et les tribunaux. Il suffira de les reproduire ici sommairement.

1° S'il y a de la différence entre les titres des deux voisins, l'avantage doit rester au possesseur, et l'on doit lui attribuer ce qu'il possède, dans les limites de cette différence.

2° Si l'on a des titres qui fixent l'étendue de sa portion, pendant que l'autre n'en représente pas, les titres doivent servir de règle.

3° Si les deux voisins ont des titres, mais qui ne fixent point l'étendue de leurs portions, il faut partager également et par moitié, toujours en supposant qu'il n'y ait pas de possession contraire bien caractérisée.

4° Si les titres des deux voisins réunis donnaient une étendue plus ou moins grande que celle de tout le terrain, il faudrait faire une règle de proportion pour partager le profit ou la perte.

Par exemple, le terrain étant de six hectares, les titres de l'un lui donnent trois hectares, ceux de l'autre ne lui en donnent que deux; il reste un hectare à partager dans la proportion de trois à deux. On divise cet hectare en cinq portions, pour en donner trois au premier et deux au second;

Et réciproquement dans le cas où il y aurait de la perte. Par exemple, si le terrain ne contient que six hectares, si les titres de l'un lui en donnent six et les titres de l'autre trois, le premier doit être réduit à quatre hectares et le second à deux.

5° Si les bornes avaient été placées en vertu d'un titre commun et non contesté, et que, par erreur, elles se trouvassent avoir été mal placées; par exemple, si un partage entre deux personnes accordait à chacune six hectares, et que, par la position des bornes l'une se trouvât jouir de sept hectares, l'autre de cinq, l'erreur devrait être réformée, à moins que le possesseur des sept hectares ne pût faire valoir la prescription de trente ans.

6° Il arrive quelquefois que la demande de bornage entre deux personnes occasionne ou nécessite la même opération entre un plus grand nombre; lorsque, par exemple, le premier propriétaire d'une plaine demande le bornage à son voisin, et que ni l'un ni l'autre ne se trouvent avoir l'étendue de terrain portée dans leurs titres, on mesure le terrain du troisième, du quatrième propriétaire, et ainsi de suite, s'il est nécessaire, jusqu'à l'extrémité de la plaine.

Mais on comprend que l'expert ne peut prendre sur lui l'initiative spontanée d'une pareille opération d'ensemble. Il faut pour cela le concours de tous les propriétaires dont on a besoin de vérifier les contenances, c'est-à-dire leur appel en cause afin que le bornage ainsi agrandi devienne une opération commune à tous et obligatoire pour tous.

475. **RESTRICTION AUX RÈGLES PRÉCÉDENTES.** — On ne saurait donner les règles ci-dessus comme absolues et applicables à tous les cas. Pour les appliquer avec discernement et dans une juste mesure l'expert doit se pénétrer avant tout des termes des actes de transmission qui, bien souvent, ne comportent pas le partage des différences d'étendue superficielle suivant les proportions plus haut indiquées. L'expression de la contenance joue dans les contrats des rôles divers, et par leurs termes on peut juger si les parties ont entendu énoncer la mesure d'une manière plus ou moins approximative, plus ou moins obligatoire. Ainsi, cette expression insérée dans la vente d'un champ transmis en bloc et par manière de corps, aura moins de valeur que celle qu'on trouvera dans une vente à tant la mesure. Il y a, en cette matière, bien des nuances à saisir. Nous devons seulement les recommander à la sagacité de l'expert, lui conseiller de les mettre soigneusement en relief dans son travail écrit, et nous abstenir de tous détails qui ne pourraient jamais comprendre tous les cas ou les ramener à des préceptes nettement formulés.

476. **ACTES ET DOCUMENTS DIVERS.** — Outre les titres de propriété proprement dits que les parties produisent fréquemment, l'expert doit examiner certains actes et documents propres quelquefois à éclairer les questions de contenance et de limites, mais qui n'ont pas, dans le bornage, une force absolu-

ment probante. Tels sont : les baux à ferme des héritages dont on opère l'abornement, les inventaires ou états d'immeubles après décès, les actes constitutifs d'hypothèque, les concessions de servitudes, les terriers seigneuriaux, les anciens actes de reconnaissance féodale, les livres et papiers domestiques ayant acquis date certaine, les plans particuliers, etc. Ce n'est qu'avec une grande réserve et à titre de simples renseignements que l'expert doit puiser dans ces pièces des éléments de conviction, d'abord parce que la contenance et les confins de l'héritage n'y sont bien souvent rappelés qu'en termes énonciatifs, ensuite parce que le droit de propriété doit surtout être recherché dans les actes qui le constituent.

477. CADASTRES ET COMPOIX PUBLICS. — Ces sortes de documents semblent devoir mériter plus de confiance, par la raison qu'ils sont le résultat d'une opération contradictoirement faite avec tous les contenanciers et que l'intérêt individuel a eu moins de moyens d'en fausser les éléments. Toutefois la pratique y fait chaque jour découvrir de notables erreurs, et l'usage des tribunaux donne constamment la préférence aux actes de transmission dont nous avons parlé, si bien qu'un adage du palais a consacré le principe que *compoix ne fait pas titre.*

478. PLANTATION DES BORNES. — Après avoir reconnu la limite par l'application des titres et le mesurage des contenances l'expert doit poser les bornes et en dresser procès-verbal. On a vu plus haut en quoi consiste cette opération. Néanmoins les détails dans lesquels nous sommes entré à cet égard ne nous dispensent pas de les compléter par quelques conseils dont nous sauront gré les jeunes gens qui, en se vouant aux délicates fonctions d'experts ruraux, veulent fermement justifier la confiance des propriétaires en imprimant le sceau d'une longue durée au bienfait de leur médiation.

1° Au lieu de ces pierres informes et brutes qu'on pose trop souvent avec une incroyable négligence, en manière de bornes, sur les limites des champs contigus, il faut y implanter profondément des pierres d'une suffisante dimension, bien équarries, et taillées en pyramide tronquée. Sur l'extrémité supérieure, toujours visible malgré le rejet des sillons, sera incisé un trait ou guidon dans la visée de la borne la plus voisine. On ne négligera pas les *témoins* ou *garants* et ils seront choisis et placés de telle sorte que le lit de la borne soit toujours reconnaissable, alors même que la pierre principale aurait été supprimée. C'est une économie dangereuse et mal entendue que celle qui spécule sur le prix de quelques matériaux, lorsqu'un ruineux procès peut en être plus tard la conséquence. Un expert intelligent et zélé n'aura pas beaucoup de peine à faire comprendre cela aux parties.

2° Chaque sommet d'angle saillant ou rentrant doit être pourvu d'une borne. Si le polygone n'est pas rectiligne dans tout son pourtour et qu'une courbe s'y dessine, l'expert la décrira exactement dans son procès-verbal, ayant soin d'indiquer les deux points ou bornes où elle prend naissance et faisant usage du langage géométrique pour en préciser l'espèce et le degré d'incurvation.

3° C'est peu que les bornes présentent à un certain degré les garanties de la solidité matérielle. On doit encore les coordonner entre elles par l'expression de leurs rapports géométriques. Ainsi, le procès-verbal de l'opération désignera la série des bornes posées par une série de numéros; il constatera la distance laissée d'une borne à l'autre, c'est-à-dire la longueur de chaque côté du polygone qu'elles détermineront; il notera enfin l'ouverture des angles aux sommets desquels auront été placées des bornes, en ayant soin d'exprimer si ces angles sont saillants ou rentrants.

4° Pour que l'assiette du polygone lui-même, considéré dans son entier, ne puisse pas être plus tard l'objet d'un doute, l'expert devra chercher un ou plusieurs points de rattachement en dehors du système des bornes posées, et déterminer géométriquement le rapport de ces points avec un, au moins des angles du polygone. Les points de rattachement seront choisis, autant que possible, parmi les objets auxquels nous avons donné le nom de bornes immobiles, et l'on devra préférer ceux qui par leur nature présentent le moins de chances de destruction ou de ruine, tels que les masses de rochers ou les édifices monumentaux, etc.

5° La preuve éventuelle de l'identité des limites devant résulter non seulement de l'état matériel des lieux, mais encore et surtout de leur comparaison avec le procès-verbal qui les aura décrits, il importe que cette pièce soit rédigée avec exactitude, précision et lucidité; il importe plus encore qu'elle ne puisse s'égarer dans les papiers de famille, sous la main négligente des propriétaires successifs. L'expert devra donc conseiller aux parties de les placer sous la sauvegarde d'un dépôt public, par exemple, dans les minutes d'un notaire qui dresserait un acte de la réception et le tiendrait toujours à la disposition des intéressés.

6° Dans le cas même dont il vient d'être parlé, l'expert prendra le soin de mentionner au dos des grosses, expéditions ou minutes des titres dont il aura reçu communication, la date du procès-verbal de bornage et le dépôt public ou le nom et la résidence du notaire dans les archives duquel on pourra le retrouver. Cette simple annotation évitera peut-être plus tard bien des incertitudes et des recherches inutiles ou coûteuses.

479. PREUVE DE L'IDENTITÉ DES HÉRITAGES. — Indépendamment de la recherche de l'identité des limites, qui fait l'objet du bornage, les experts sont quelquefois chargés de procéder à celle de l'identité du champ lui-même, abstraction faite de tout débat sur son étendue et ses confins. C'est ce qui arrive dans plusieurs cas de revendication, et lorsque deux parties se prétendent respectivement propriétaires du même héritage, invoquant chacune des titres différents qu'elles présentent comme applicables au champ litigieux. Ici la tâche de l'expert est, en général, plus longue et plus délicate; son investigation doit se porter sur toutes les circonstances descriptives, sur tous les détails topographiques des actes produits. Les confronts ou *tenants et aboutissants* jouent un rôle capital dans ces sortes de recherches; il faut notamment, par l'étude des anciens compoix et l'analyse des actes relatifs aux propriétés circonvoisines, dresser, en remontant jusqu'à la date de ceux dont excipent les parties litigantes, la généalogie des propriétaires limitrophes, travail quelquefois immense et trop souvent impossible, en l'absence duquel la preuve de l'identité ne saurait être complète. De plus amples détails à cet égard sortiraient des bornes d'un simple manuel, et seraient loin encore d'épuiser le sujet. Ajoutons seulement qu'en ceci, comme en beaucoup d'autres objets de nos études, une intelligente pratique avancera plus l'instruction des jeunes gens que ne sauraient le faire tous les conseils de la théorie.

Questionnaire. Nécessité et but du bornage? — Qu'est-ce que le bornage? — Quel est le double élément du bornage? — Combien y a-t-il d'espèces de bornes? — Comment plante-t-on les bornes mobiles? — Qu'est-ce que le procès-verbal de bornage? — Enumérez les notions juridiques sur le bornage?

CHAPITRE V.

DESSIN DU PLAN.

480. **MISE AU TRAIT.** — Pour dessiner des plans soignés on colle sur la planchette à dessiner (373-6°) une feuille de bon papier. Ce papier doit être très uni, épais et bien collé. On emploie ordinairement les papiers de Hollande, les papiers vélins, toujours mal collés, ne sont pas susceptibles de recevoir le lavis, et peuvent tout au plus servir pour le dessin linéaire. Les dimensions du papier varient d'après les plans qu'on veut exécuter.

On trace avec la règle sur la feuille de papier, une ligne indéfinie qui sert à représenter la base du polygone ou la directrice qu'on a menée sur le terrain. Et après avoir donné à cette ligne la longueur assignée par l'échelle du plan, on construit (169—179) un polygone semblable au terrain qui a été arpenté, en n'employant pour le tracé des lignes, que le crayon de mine de plomb et des instruments dont l'exactitude a été reconnue. Autrement il faut recourir aux procédés graphiques qui suffisent dans l'arpentage ordinaire des terres, surtout si l'on a de l'habitude, de l'adresse et du goût.

481. **MISE A L'ENCRE.** — Après avoir dessiné le plan au crayon, on passe à l'*encre de Chine* le contour des terrains qu'on a levés, en ayant soin d'employer un bon tire-ligne

(373-3°) chargé d'encre de Chine bien noire. On dessine ensuite sur ce plan les diverses parties du terrain d'après le modèle qui est donné ci-après (voir la carte topographique). Il ne reste plus qu'à le laver.

482. COPIER UN PLAN. —On peut *copier un plan* de plusieurs manières: 1° en le piquant; 2° en le copiant à la vitre; 3° en le calquant au moyen du papier transparent, désigné sous le nom de *papier végétal*, ou 4° en le construisant par intersection. Ce dernier procédé est long et vicieux quand il ne repose sur aucune base; le troisième est très utile et plus expéditif, surtout si l'on avait un besoin pressant d'une copie d'un plan. Cependant certains dessinateurs préfèrent la première, qui consiste à piquer la minute d'un plan avec une aiguille emmanchée que l'on tient verticalement. Lorsque le plan est ainsi piqué, on cherche les points qui représentent les mêmes objets que la minute, et l'on trace les lignes au crayon. Les dessinateurs qui emploient ce procédé ainsi que ceux qui copient à la vitre, ne piquent que les points indispensables et mettent le plan au trait sans le reconnaître au crayon; ils abrégent, par ce moyen le travail, et même le dessin est plus net; mais pour cela il faut avoir acquis une grande habitude.

On pourrait encore faire la copie d'un plan d'après la méthode des carreaux ou treillis : c'est ce dont nous parlerons ci-après.

483. RÉDUIRE UN PLAN. — Il y a différentes manières de *faire la réduction d'un plan.* On peut considérer la minute d'un plan comme étant le terrain, et la réduction le plan qu'il faut en faire; or, d'après ce que nous avons dit sur les polygones semblables, en traçant des lignes sur cette minute, et en en faisant d'homologues sur l'échelle indiquée, au $\frac{1}{5}$ par exemple, on l'aura évidemment réduit à cette proportion du cinquième.

Les ingénieurs géographes emploient un instrument très ingénieux nommé *pantographe*. Cet instrument fournit exactement et en très peu de temps la copie d'un plan à toutes les échelles désirables. Mais comme le prix de cet instrument est trop élevé, nous allons donner quelques procédés utiles pour réduire ou augmenter les dimensions d'un plan.

484. *Réduire ou augmenter les dimensions d'un plan par la méthode du treillis ou des carreaux* (fig. 32).

Pour cela on enveloppe d'un cadre le plan proposé ou le dessin à copier, et l'on divise les côtés du cadre en parties égales, qu'on a soin de bien numéroter ; ensuite, on mène par les points de division autant de lignes au crayon parallèles aux côtés du cadre.

Pour réduire une figure sur des dimensions moitié moindres, par exemple, on fait sur la copie un cadre pareil sur des dimensions sous doubles, qu'on divise également en autant de parties égales que le cadre de la minute. On mène des parallèles et l'on obtient autant de carreaux qu'on numérote de la même manière. Si la réduction devait se faire au quart, au tiers, on emploierait une échelle de réduction dans ces rapports, et l'on ferait la division du cadre ainsi réduit, comme ci-dessus.

Il s'agit ensuite de placer chaque point de la minute dans le carreau de la copie qui porte le même numéro que le carreau qui contient ce point dans l'original, et de l'y disposer semblablement, ce qui est très facile, si les carreaux sont petits. On réunit les extrémités des lignes droites ainsi rapportées, en sorte que le plan est ainsi réduit, si le périmètre est composé de lignes droites ; mais s'il y a des courbes à rapporter, comme les sinuosités des côtes, des rivières, des routes, etc., on les décompose en parties, carreau par carreau, et l'on trace ensuite de petits arcs à peu près rectilignes compris dans l'intérieur de chaque carreau. Au reste, avec un peu d'habitude, on peut presque toujours représenter à vue dans les carrés de réduction tout ce qu'il y a dans ceux du treillis.

Ce procédé supérieur à tous les autres par sa simplicité et son exactitude, est surtout propre à copier des cartes géographiques. Il s'applique aussi aux plans des bâtiments, terrains, paysages, et même aux tableaux d'histoire.

S'il s'agissait de *doubler*, *quadrupler*, etc., un plan, on suivrait une méthode analogue mais inverse.

QUESTIONNAIRE. Qu'est-ce que la mise au trait? — .... la mise à l'encre? — Comment copie-t-on un plan? — Comment réduit-on un plan? — .... par la méthode des carreaux ou treillis?

CHAPITRE VIII.

LAVIS DES PLANS.

485. **LAVIS DES PLANS.** — Le *lavis* a pour objet d'indiquer sur les plans, au moyen de teintes ou couleurs conventionnelles la représentation et la composition de chaque partie de la surface du terrain.

486. **COULEURS.** — Les *couleurs* dont on fait le plus d'usage sont : l'*encre de Chine*, le *carmin*, la *gomme-gutte*, la *sépia*, le *bleu d'indigo* ou de *Prusse*, la *terre de Sienne*, etc.

L'encre de Chine qu'on doit choisir de préférence est celle dont la cassure est nette et brillante, qui exhale, lorsqu'on la mouille, une odeur fortement aromatique et ambrée, et qui ne laisse point de dépôt au fond du *godet* (petite soucoupe en porcelaine). Quant aux autres couleurs on les trouve dans le commerce toutes préparées en petits pains.

487. **PRÉPARATION ET EMPLOI DES COULEURS.** — Pour se servir des couleurs, on les délaye avec de l'eau très pure dans des godets; on frotte légèrement chaque couleur sur le fond du godet qui doit la contenir; on a soin de faire toujours les teintes un peu moins fortes que celles qu'on veut imiter, attendu que l'eau s'évaporant continuellement, augmente l'intensité des teintes que l'on avait d'abord préparées.

On essaye ces teintes sur un morceau de papier bien collé, et l'on augmente ou l'on diminue la quantité d'eau dans laquelle on a délayé la couleur, selon que la teinte est trop forte ou trop faible.

S'il arrivait que l'on eût posé une teinte trop forte sur le plan, il faudrait, avant qu'elle fût entièrement sèche, tremper dans l'eau claire un pinceau propre, et en frotter légèrement la partie trop teintée; ensuite, avec un pinceau sec, enlever proprement cette couleur, en ayant soin d'essuyer souvent le pinceau.

Pour bien étendre une teinte plate, il faut, autant que possible, qu'elle soit posée, sans interruption, et avoir soin que la pointe du pinceau ne dépasse point les lignes.

Quand on arrive dans un angle, on forme la pointe du pinceau en l'essuyant sur le bord du godet, puis avec cette pointe on étend la couleur qui était restée dans l'angle.

Enfin, lorsque le pinceau ne contient pas assez de couleur pour couvrir toute la figure, il ne faut pas attendre qu'il n'en contienne plus pour en prendre de nouvelle, sans quoi celle-ci ne se lierait pas bien avec la première.

488. **PINCEAUX.** — Les meilleurs pinceaux sont en *petit*

gris ou en *martre*; on doit choisir ceux dont tous les poils se réunissent naturellement en une pointe très fine, lorsqu'on les mouille légèrement avec les lèvres.

Il convient d'avoir autant de pinceaux qu'on a de couleurs différentes à employer. Cependant des dessinateurs n'emploient souvent que deux pinceaux, l'un constamment rempli d'eau, soit pour réparer un accident, soit pour affaiblir une teinte trop foncée; et l'autre pour poser les teintes. Alors ils ont le soin de laver ce dernier pinceau chaque fois qu'ils changent de teinte.

TEINTES CONVENTIONNELLES.

489. **TERRES LABOURABLES.** — Terre de Sienne, à laquelle on ajoute un peu d'encre de Chine si le terrain est en pente; on indique sur le plan la direction des sillons par des lignes ponctuées à l'encre de Chine.

PRAIRIES. — Vert composé d'indigo et de gomme-gutte, en faisant diminuer le bleu.

VIGNES. — Carmin et un peu de bleu.

VERGERS ET PLANTATIONS. — Vert jaunâtre. On imite la nature des *arbres* en dessinant en élévation leur tige et leur feuillage. Quelquefois on représente la projection horizontale des arbres ombrée à droite.

PATURAGES ET FORÊTS. — Indigo et gomme-gutte, en faisant dominer celle-ci.

LANDES. — Vert olive composé de gomme-gutte une partie, de carmin une partie et un peu d'indigo. On représente les flaques d'eau avec du bleu faible en ondulant irrégulièrement la teinte.

MARAIS. — Vert des prairies et du bleu léger.

SABLES. — Aurore qu'on fait avec la gomme-gutte et une pointe de carmin. On les pointille légèrement à la plume.

ROCHERS. — Teinte pâle de carmin avec un peu d'encre de Chine.

ÉTANGS, LACS ET RIVIÈRES. — Bleu léger comme celui des marais, on renforce les bords du côté de l'ombre avec une teinte bleu foncé, qu'on applique le long du bord et qu'on adoucit vers son milieu; on fait la même chose le long des bords du côté du jour, mais avec une teinte beaucoup moins forte, plus étroite, et également adoucie vers le milieu; enfin, les étangs sont ondulés à peu près horizontalement, avec une teinte plus forte du côté de l'ombre que du côté du jour; et pour indiquer de quel côté l'eau coule, on est convenu de dessiner au milieu de la rivière ou du ruisseau une flèche dont le dard indique le courant.

BATIMENTS. — ÉDIFICES. — On met une teinte plate de carmin sur la surface de chaque bâtiment, et l'on pose ordinairement sur cette teinte du côté opposé au jour un filet de carmin plus fort; ou bien au lieu d'une teinte plate, on pose du côté de l'ombre un filet de carmin qu'on adoucit vers le jour. — Quelquefois on représente en noir les édifices publics. — Si l'on veut indiquer une réparation à faire à un bâtiment, on lave cette partie du plan avec du jaune pâle.

FOSSÉS ET ROUTES. — On les représente par deux lignes parallèles.

490. **OMBRES.** — Pour connaître où il faut poser les ombres, il suffit que l'on sache que, par convention, le plan est censé recevoir la lumière du soleil supposé à gauche, et élevé à l'horizon à 45°; par conséquent les objets comme les bâtiments, sont ombrés à droite dans cette direction, et par le même motif, les bassins, étangs, et toutes les excavations, doivent avoir

l'ombre à leur partie gauche, puisque c'est le bord de ce côté qui la produit.

Pour adoucir les couleurs que l'on met du côté opposé au jour, on a un pinceau chargé d'eau claire, on le promène le long du bord de la couleur, sur laquelle on en prend un peu; puis on fait aller ce pinceau d'un bout à l'autre de cette couleur en descendant, toujours en renouvelant l'eau, si cela est nécessaire, jusqu'à ce que la teinte ne paraisse plus de ce côté.

ÉCRITURES. — On varie les écritures en grosseur et en caractères selon l'importance des objets. Nous recommandons les caractères maigres.

Questionnaire. Qu'appelle-t-on lavis des plans? — Quelles sont les couleurs qu'on emploie? — Comment reconnaît-on la véritable encre de Chine? — Comment prépare-t-on les couleurs? — Comment s'en sert-on? — Quels sont les meilleurs pinceaux? — Quelle teinte donne-t-on aux champs? — .... aux vignes? — .... aux forêts? — .... aux bâtiments? etc.

CHAPITRE IX.

CUBAGE, SOLIVAGE, JAUGEAGE.

PREMIÈRE SECTION.

DU CUBAGE.

Nous avons donné au chapitre XIV de la Géométrie, sur la CUBATURE DES SOLIDES, des règles pour cuber les différents corps que l'on considère en géométrie, mais il arrive souvent qu'on est obligé d'*évaluer le poids des corps*, ce qui exige encore la connaissance de la mesure des volumes combinée avec quelques données particulières. Nous allons donner ici un *tableau des poids spécifiques* afin de mettre les jeunes gens dans le cas d'évaluer le poids des corps d'après leurs dimensions.

491. **POIDS SPÉCIFIQUE.** — On appelle *poids spécifique d'un corps* le rapport qui existe entre le poids d'un certain volume de ce corps et le poids d'un même volume d'eau distillée prise à la température de 4° au-dessus de zéro.

D'après cette définition, un certain volume d'eau pesant 1, un même volume des corps désignés dans le tableau pèsera autant de fois le poids de l'eau, qu'il y a d'unités et de parties d'unité indiquées pour la pesanteur spécifique de ce corps. D'où l'on déduit la règle suivante :

492. **TROUVER LE POIDS D'UN CORPS.** — Pour trouver le poids d'un corps solide ou fluide, on calcule son volume en décimètres cubes ou en mètres cubes. Ensuite on multiplie le nombre de décimètres cubes par le poids spécifique, et le nombre de mètres cubes par la même pesanteur spécifique multipliée préalablement par 1000. On obtient dans chacun des deux cas le poids en kilogrammes.

En effet, 1 décimètre cube d'eau pesant 1 kilogr., 1 mètre cube 1000 kilog., et le poids spécifique indiquant combien de fois le poids d'un corps contient celui d'un même volume d'eau, il s'ensuit que si le poids spécifique est 13,598 par exemple, le poids d'un décimètre cube sera 13,598, et celui d'un mètre cube $13,598 \times 1000 = 13598$ kilog.

TABLEAU

DES POIDS SPÉCIFIQUES DE DIFFÉRENTS CORPS.

MÉTAUX.	POIDS spécifiques d'un déc. cube en kilog.	SUBSTANCES DIVERSES.	POIDS spécifiques d'un déc. cube en kilog.
Platine laminé........	22, 069	Diamant................	3, 530
Platine passé à la fil^re	21, 041	Marbre de Paros.....	2, 837
Platine forgé..........	20, 336	Granit...................	2, 760
Platine purifié.........	19, 500	Marbre ordinaire.....	2, 717
Or forgé..................	19, 361	Grès......................	2, 560
Or fondu.................	19, 258	Verre blanc...........	2, 448
Mercure..................	13, 598	Craie.....................	2, 300
Plomb fondu...........	11, 352	Porcelaine de Sèvres	2, 146
Argent fondu...........	10, 474	Soufre....................	2, 033
Bronze....................	8, 800	Sel commun..........	1, 920
Cuivre rouge...........	8, 788	Ivoire....................	1, 917
Laiton (cuivre jaune)	8, 390	Sable pur et glaise p.	1, 900
Acier non écroui.....	7, 816	Brique....................	1, 850
Fer en barre............	7, 778	Terre ordinaire........	1, 700
Fonte de fer...........	7, 207	Sucre raffiné..........	1, 600
Etain fondu............	7, 291	Houille compacte....	1, 329
Zinc fondu..............	6, 861	Cire et poudre de g^re.	0, 950
Antimoine fondu.....	6, 712	Glace.....................	0, 930

BOIS.	POIDS spécifiques d'un déc. cube en kilog.	FLUIDES.	POIDS spécifiques d'un LITRE.
Chêne sec..............	1, 670	Acide sulfurique.....	1, 840
Chêne frais.............	0, 930	Acide azotique........	1, 2175
Hêtre......................	0, 852	Lait........................	1, 030
Frêne......................	0, 845	Eau de mer............	1, 026
Noyer et orme.........	0, 800	Eau pure................	1, 000
Pommier.................	0, 733	Vin de Bordeaux.....	0, 994
Cerisier...................	0, 715	Vin de Bourgogne...	0, 991
Poirier....................	0, 664	Huile d'olive...........	0, 915
Sapin.......................	0, 657	Essence de térébent.	0, 869
Tilleul.....................	0, 604	Alcool absolu..........	0, 792
Cidre.......................	0, 561	Ether sulfurique.....	0, 715
Peuplier..................	0, 383	Air.........................	0,00129
Liége......................	0, 240	Hydrogène.............	0,000089

APPLICATIONS NUMÉRIQUES

SUR LE CUBAGE DES CORPS ET SUR LA MANIÈRE DE DÉDUIRE LE VOLUME DES SOLIDES DE LEUR POIDS ET RÉCIPROQUEMENT.

493. *Cuber un bloc de granit ayant la forme d'un parallélipipède rectangle dont les dimensions sont :* longueur $1^{m}23$, largeur $0^{m}48$, épaisseur $0^{m}37$.

D'après la formule indiquée plus haut (334), il suffit de multiplier l'une par l'autre les trois dimensions. On aura donc :

$$1,23 \times 0,48 \times 0,37 = 0,^{\text{m cub.}}218448.$$

Le volume de ce bloc sera 218 décimètres cubes, 448 centimètres cubes.

Si l'on demandait le poids de ce bloc de granit, il suffirait de prendre dans la table ci-dessus le poids d'un décimètre cube qui est de 2 k. 760 et le multiplier par 218,448, ce qui donnerait 590 kilog. 9 hectog.

On trouve dans une infinité de cas l'application de la mesure du parallélipipède rectangle. Les pierres, les blocs de marbre, les charpentes, les fossés, les murailles ; la capacité des réservoirs, bassins, chambres, etc., sont autant de parallélipipèdes rectangles dont il faut journellement évaluer la capacité.

494. *Trouver la solidité d'une table de marbre ayant* $1^{m}53$ *de* long *sur* $0^{m}87$ *de* large, *et* $0^{m}03$ *d'*épaisseur, *et en déterminer le prix à* 0 *fr.* 65 *c. le décimètre cube.*

Pour résoudre cette question, il faut d'abord chercher la solidité de la table en décimètres cubes d'après la même formule, et ensuite multiplier 0 fr. 65 c., prix d'un décimètre cube par le nombre de décimètres cubes. On aura donc

Pour le volume $1,53 \times 0,87 \times 0,03 = 0^{m. cube}039933$ ou 39 décimètres 933 centimètres cubes ;

Et pour le prix $0^{fr}65 \times 39,933 = 25^{fr}95$.

495. *Déterminer le volume d'une table de marbre ronde, ayant* 0^{m} 48 *de* rayon *et* 0^{m} 25 *d'*épaisseur.

D'après les § 73 et 74 de la Géométrie, il faut multiplier le rayon par 2 pour avoir le diamètre, et le diamètre par 3,1415 pour trouver la circonférence. Ensuite on multiplie cette circonférence par la moitié du rayon pour avoir la surface du cercle (213), et enfin le cercle par l'épaisseur pour connaître la solidité. On aura donc

$$0,48 \times 2 \times 3,1415 \times 0,24 \times 0,25 = 0,0180925$$

ou 18 décimètres cubes, 92 centimètres cubes pour le volume de la table.

496. *Mesurer le volume d'une pierre ayant la forme d'une pyramide rectangulaire tronquée et dont les dimensions sont :* longueur 1^{m} 25, largeur *et* épaisseur *au gros bout* 0^{m} 53 *sur* 0^{m} 47, *et au petit bout* 0^{m} 35 *sur* 0^{m} 28.

Si l'on était sûr que les faces latérales iraient, étant prolongées, passer par un même point, c'est-à-dire si la pierre était exactement une pyramide tronquée, et si l'on voulait avoir son volume avec une rigueur mathématique, on pourrait évaluer ce volume d'après la règle (340) que nous avons donnée dans la Géométrie.

On reconnaîtra que la pierre est une pyramide tronquée si les surfaces des deux bouts sont des rectangles semblables ; par exemple, si les dimensions de l'un étaient 0^{m} 60 et 0^{m} 40, et celles de l'autre 0^{m} 30 et 0^{m} 20, car alors on aurait la proportion 60 : 40 :: 30 : 20. — Comme, dans l'exemple que nous avons pris, la proportion 53 : 47 :: 35 : 28 est inexacte, la pierre que nous considérons n'est pas exactement une pyramide tronquée et n'a qu'une forme analogue. Nous ne pourrions donc pas employer la règle précitée.

Dans la pratique on emploie rarement cette règle même lorsque le corps à cuber est exactement une pyramide tronquée; on suit une règle plus simple qui ne donne pas le volume exact, mais l'erreur peut être généralement négligée surtout si les dimensions aux deux bouts diffèrent peu l'une de l'autre. A cet effet, *on mesure les surfaces des deux bouts ou des deux bases, et on multiplie la longueur par la demi-somme de ces surfaces.* On obtient en suivant cette règle pour le volume de la pierre,

$$\frac{(0{,}53 \times 0{,}47 + 0{,}25 \times 0{,}28) \times 1{,}25}{2} = 0{,}398875$$

ou 0 mètre cube 398 décimètres cubes. (Ici on peut négliger les fractions de décimètre cube parce qu'un décimètre cube de pierre ordinaire a peu de valeur.)

497. *Cuber un mur bâti sur un terrain en pente de* 19^{m} 43 *de* long *sur* 0^{m} 53 *d'*épaisseur, *et* 2^{m} 56 *à un bout, et* 3^{m} 18 *à l'autre de* hauteur, *la surface supérieure étant horizontale.*

Pour cela on additionne les deux hauteurs aux deux bouts; on en prend la moitié qu'on multiplie par la longueur, ce qui donne l'aire de l'une des surfaces du mur et on multiplie le produit par l'épaisseur; car ce mur peut être considéré comme un prisme droit qui a pour hauteur l'épaisseur du mur et pour bases deux trapèzes égaux, qui ne sont autre chose que les surfaces du mur. En suivant cette règle on a

$\left(\frac{2{,}56 + 3{,}18}{2}\right) \times 19{,}43 \times 0{,}53 = 29{,}552$ ou 29 mètres cubes 5 dixièmes.

498. *Trouver la solidité et le poids d'une tringle de* $0^m\,027$ *de* diamètre *et* $3^m\,43$ *de* longueur.

En suivant la règle (342) qui a été donnée pour la cubature du cylindre nous aurons pour la solidité

$$0,027 \times 3,1415 \times \frac{0,027}{4} \times 3^m\,43 = 0^{\text{déci. cube}}\,3927$$

ou 0 décimètre cube, 392 centimètres cubes 7 dixièmes, et pour le poids

$$7,778 \times 0,3927 = 3 \text{ kilog. } 5 \text{ décag.}$$

499. *Cuber le mur d'une tour ronde ayant* $13^m\,87$ *de* hauteur *et* $15^m\,75$ *de* circonférence, *l'*épaisseur *du mur étant de* $0^m\,60$.

Il faut calculer les surfaces des sections intérieure et extérieure par un plan horizontal; retrancher ces deux surfaces l'une de l'autre, ce qui donne la surface d'une couronne circulaire (64) qui n'est autre chose que la section du mur par le plan horizontal ci-dessus, et enfin multiplier la surface de cette couronne circulaire par la hauteur. D'après cela nous trouvons

Diamètre extérieur $\frac{15,75}{3,1415} = 5,01.$

Diamètre intérieur $5 - 0,60 \times 2 = 3,81.$

Surface de la section extérieure $= 15,75 \times \frac{5,01}{4} = 19^{\text{m. car.}}68$

Surface de la section intérieure $= 11,37 \times \frac{3,81}{4} = 11,37.$

Surface de la section du mur $= 15,75 - 11,37 = 4,38.$

Solidité de la Tour $= 4,38 \times 13,87 = 60,7506$ ou 60 mètres cubes 75 centièmes de mètre cube.

On pourrait encore calculer les volumes intérieur et extérieur de la tour d'après la règle (342) qui a été donnée pour cuber un cylindre, et retrancher ces deux volumes l'un de l'autre, mais par ce procédé on aurait une multiplication de plus à faire.

500. *Cuber la maçonnerie d'une voûte en plein cintre de* $11^m\,28$ *de* long *et la* distance des pieds droits *étant de* $5^m\,13$, *et la maçonnerie ayant* $0^m\,67$ *d'*épaisseur.

On peut considérer le volume de la voûte comme celui de la moitié d'une tour ; et d'après la formule précédente on aura

$$\frac{11,28 \times 3,1415\left(\frac{5,80^2}{4} - \frac{5,13^2}{4}\right)}{2}$$

ou en simplifiant $\frac{11,28 \times 3,1415 \times (5,80^2 - 5,13)^2}{8} = 63,883$

ou 63 mètres cubes 88 centièmes de mètre cube pour la solidité de la voûte.

501. *Trouver la capacité d'une cuve dont le fond a* 1^m 28 *de* rayon, *le bord supérieur de* 1^m 42 *de* rayon, *et dont la* profondeur *est* 1^m 68.

En considérant la cuve comme un tronc de cône (294 et 394), il faut faire le carré du rayon de la base inférieure, le carré du rayon de la base supérieure et le produit de ces deux rayons ; on additionne ensuite ces trois résultats, on multiplie la somme par 3,1415 et par la hauteur de la cuve, puis on divise par 3. On trouvera en appliquant cette règle :

$\frac{(1,28^2 + 1,42^2 + 1,28 \times 1,42) \times 3,1415}{3} = 5^m$ 730 ou 5 mètres 730 décimètres cubes, c'est-à-dire 5 kilolitres 730 litres pour la capacité de la cuve.

502. *Chercher le volume et le poids d'un boulet de* 0^m 18 *de* diamètre.

Il faut multiplier (345) le cube du rayon 0^m 09 par 3,1415 et le résultat obtenu par $\frac{4}{3}$. On obtiendra d'après cette règle, si l'on prend le décimètre cube pour unité linéaire afin d'avoir le volume en décimètres cubes :

Pour le volume $0,9^3 \times 3,1415 \times \frac{4}{3} = 3^{\text{déci. cub.}}$ 053

Et pour le poids $7,207 \times 3,053 = 22$ kilogrammes.

503. *Calculer le poids d'un obus ayant* 0^m 35 *de* diamètre *et* 0^m 015 *d'*épaisseur, *sachant qu'un décimètre cube de*

fonte pèse 7 *kilog.* 207 , *ce qui résulte de son poids spécifique qu'on trouve dans la table ci-dessus.*

Rayon extérieur $= \frac{3,5}{2} = 1,75$.

Rayon intérieur $= 1,6$.

Poids........ $= \frac{4}{3} \times 3,1415 \times (1,75^3 - 1,6^3) \times 7,207 =$ 37 kilogrammes 836 grammes.

504. *Déterminer l'épaisseur d'un obus ayant* 0m 35 *de* diamètre, *et pesant* 37 *kilogrammes* 836 *grammes.*

Volume de l'obus $= \frac{37^k 836}{7,207} = 5,25$.

Différence des cubes des rayons $= 5,25 : \frac{3}{4} \times 3,1415 = 1,26$.

Cube de rayon extérieur $= 1,75^3 = 5,35$.

Cube de rayon intérieur $= 5,35 - 1,26 = 4,09$.

Rayon intérieur $= \sqrt[3]{4,09} = 1,6$.

Épaisseur $= 1,75 - 1,6 = 0,15$ ou 15 millimètres.

505. *Trouver le volume d'un anneau ayant* 0m 05 *d'épaisseur et* 1m 18 *de* diamètre *extérieurement.*

Il faut multiplier l'épaisseur par 3,1415, ce qui donne la surface d'une section de l'anneau; retrancher l'épaisseur du diamètre, prendre la moitié de la différence et multiplier le résultat par la surface de l'anneau. On aura donc :

$3,1415 \times \frac{0,05^2}{4} \times \left(\frac{1,18 - 0,05}{2}\right) =$ 1 décim. cub. 109 centim. cubes pour le volume de l'anneau.

506. **ELLIPSOIDE.** — On appelle *ellipsoïde de révolution* le solide engendré par la révolution d'une ellipse autour d'un de ses axes qui prend le nom *d'axe principal* de l'ellipsoïde. — Les extrémités de l'axe sont appelées les *pôles* de l'ellipsoïde. — Toute section de l'ellipsoïde par un plan passant par l'axe est évidemment une ellipse égale à l'ellipse génératrice et prend le nom de *section méridienne.* — Toute section

faite par un plan perpendiculaire à l'axe est un *cercle;* et celle qui passe par le centre se nomme *équateur.*

Le volume d'une ellipsoïde s'obtient en multipliant le $\frac{1}{2}$ axe par le carré du rayon de l'équateur, et en multipliant le produit par les $\frac{5}{4}$ du rapport de la circonférence au diamètre.

507. *Trouver le volume d'une ellipsoïde engendrée par une ellipse dont les axes sont 5 mètres et 3 mètres, et qui tourne autour du grand axe.*

Le volume demandé $= \frac{4}{3} \times 3{,}1415 \times \frac{5}{2} \times \frac{9}{4} = \frac{4 \times 3{,}1415 \times 5 \times 9}{3 \times 2 \times 4}$ ou en simplifiant les calculs $\frac{3{,}1415 \times 5 \times 3}{2} = 23{,}76125$, c'est-à-dire 23 mètres cubes 761 décimètres cubes 25 centièmes de décimètre cube.

508. *Chercher le volume d'une ellipsoïde engendrée par la même ellipse tournant autour du petit axe.*

Ce volume $= \frac{4}{3} \times 3{,}1415 \times \frac{3}{2} \times \frac{25}{4} = \frac{4 \times 3{,}1415 \times 3 \times 25}{3 \times 1 \times 4} = 39{,}21875$ ou 39 mètres cubes 218 décimètres cubes 75 centièmes de décimètre cube.

509. *Mesurer le volume d'un corps irrégulier qui n'est pas susceptible de s'imbiber d'eau, comme une chaîne, une enclume, une cloche, etc.*

On emplit un vase d'eau, on plonge dans le vase le corps à mesurer; l'eau qui sort du vase est égale au volume du corps. Autant il en sort de litres, autant le solide contient de décimètres cubes.

Questionnaire. Qu'appelle-t-on poids spécifique d'un corps? — Comment trouve-t-on le poids spécifique d'un corps? — Quel est le poids d'un décimètre cube de fer, de noyer, de terre, d'alcool, etc.? — Résolvez les questions relatives au cubage? — Qu'est-ce que l'ellipsoïde? — Quelle est sa mesure? — Comment trouve-t-on le volume d'un corps irrégulier, comme une enclume?

DEUXIÈME SECTION.

DU SOLIVAGE ET DU JAUGEAGE.

510. SOLIVAGE. — Le *solivage* a pour objet la mesure des bois de construction. — Lorsqu'on met les bois en œuvre, on les équarrit d'abord, c'est-à-dire qu'on leur donne la forme d'un parallélipipède rectangle à bases carrées, et alors on entend par *équarrissage* le carré inscrit dans le cercle formé par la circonférence de l'arbre recouvert de son écorce et de son aubier, et qu'on appelle *arbre en grume.* Comme il arrive le plus souvent que l'arbre diminue de grosseur en allant du pied vers les branches, on évalue l'équarrissage sur la circonférence *moyenne*, c'est-à-dire sur la section faite au milieu de la longueur de l'arbre.

511. *Trouver le volume d'un arbre ayant* 0m 27 *de* diamètre moyen *et* 9m 45 *de* longueur.

D'après la règle ci-dessus on a

$\frac{0,27^2}{2} \times 9^m 45$ ou $\frac{0,27 \times 0,27 \times 9,45}{2} = 0,47485$, ou 474 décimètres cubes 8 dixièmes de mètre cube.

512. Si le bois est équarri, on mesure sa largeur et son épaisseur moyennes, on les multiplie l'une par l'autre, et on multiplie encore le produit par la longueur de la pièce de bois.

Cuber une pièce de bois ayant 0m 34 *de* largeur, 0m 29 *d'é*paisseur moyennes *et* 12m 58 *de* longueur.

En effectuant les calculs on trouvera :

$$0,34 \times 0,29 \times 12,58 = 1^{\text{m. cub.}} 240,388$$

ou 1 mètre cube 24 centièmes de mètre cube.

513. *Mesurer une pièce de bois de forme irrégulière.*

Lorsque la pièce de bois a une forme trop irrégulière et que c'est du bois en grume, on mesure les diamètres à différentes hauteurs et l'on prend la moyenne arithmétique de ces diamètres, on en déduit le carré inscrit dans le cercle qui a pour diamètre cette moyenne arithmétique, et on multiplie ce carré par la longueur de l'arbre.

514. **DÉBITER UNE PIÈCE DE BOIS.** — Dans l'exploitation des forêts, des coupes d'arbres en général, on fait *débiter les arbres* à la scie, c'est-à-dire qu'on les fait scier dans le sens de la longueur, et cette opération se paie ordinairement au mètre carré, et le prix varie selon la qualité du bois et selon qu'il est vert ou sec. — Chaque trait de scie partage en deux parties une pièce de bois et donne deux surfaces égales; mais lorsqu'on a ainsi débité une pièce de bois, le nombre de planches ou *bordages* que l'on obtient par le sciage excède toujours d'*un* le nombre de traits de scie; ce qui fait qu'on a deux planches avec un trait, trois planches avec deux traits, quatre planches avec trois, ainsi de suite. — Pour *carrer le sciage* en mètres carrés et décimètres carrés, on suit les règles que nous avons données (197-216) sur la mesure des surfaces et particulièrement ce que nous avons dit sur le **MÉTRÉ**.

515. *Stérer une pile de bois.*

Pour mesurer le bois de chauffage et même les bois dans le chantier, on emploie pour unité de mesure le **STÈRE**, qui n'est autre chose que le mètre cube. — Pour stérer une pile de bois de chauffage ou de construction, comme les bûches sont placées les unes sur les autres de manière à former un parallélipipède rectangle, on mesure ce parallélipipède rectangle d'après la règle connue, en multipliant l'une par l'autre les trois dimensions.

516. *Mesurer le bois de chauffage.*

Lorsqu'on veut mesurer le bois de chauffage on a un cadre en bois ou en fer dont les montants verticaux sont distants d'un mètre l'un de l'autre. Si le bois a un mètre de longueur, il suffit d'en placer dans le cadre un mètre de hauteur pour avoir un *stère*. — Mais si le bois n'a pas un mètre de longueur, on divise un mètre par la longueur du bois, ce qui donne la hauteur à laquelle il doit être placé dans le cadre. On divise ensuite cette hauteur en 10 parties égales, et on a les hauteurs correspondantes à un ou plusieurs dixièmes de stère qu'on nomme *décistère*.

Cette opération devient inutile lorsque le bois de chauffage se vend au poids, ce qui se fait souvent.

517. JAUGEAGE. — Le *jaugeage* a pour but d'évaluer la capacité des tonneaux, futailles, foudres, vaisseaux, etc. On appelle *jable* la circonférence de chacun des deux fonds circulaires d'un tonneau, et la partie renflée où se trouve le bondon se nomme *bouge*.

518. *Jauger un tonneau ayant* 0m 85 *de* diamètre intérieur *à chaque bout*, 0m 98 *au milieu*, *et la* longueur *étant de* 1m 25.

Pour jauger un tonneau on ajoute le rayon d'un des fonds avec le diamètre du bouge qu'on trouve en introduisant une règle divisée par l'orifice du bondon; on divise la somme par 3, on élève le quotient au carré et on multiplie successivement le résultat par la longueur du tonneau et par le rapport de la circonférence au diamètre.

En effectuant les calculs d'après cette formule, on aura pour la capacité du tonneau,

$$\left(\frac{0,98+0,85}{3}\right)^2 \times 1,25 \times 3,1415 = 373 \text{ litres } 9 \text{ décilitres}$$

ou simplement 374 litres.

519. *Chercher la capacité d'un tonneau dont les jables au fond ne sont pas circulaires.*

Lorsqu'un tonneau a la forme ovale ou elliptique ou que les

jables sont inégaux, on ajoute les diamètres des deux fonds, on en prend la moitié, c'est-à-dire qu'on a le diamètre moyen des fonds, et l'on opère comme ci-dessus (518). Le calcul peut s'écarter de la véritable contenance du tonneau, mais on trouvera une approximation suffisante, si l'ovale n'est pas très allongé.

S'il arrivait que le tonneau ne fût pas rond au bouge, mais ovale, il faudrait aussi mesurer la plus grande et la plus petite largeur intérieure; prendre la moitié de la somme pour avoir, au bouge le diamètre du tonneau supposé rond. Le diamètre intérieur du bouge, dans une autre direction que celle qui passe par la bonde, se mesure extérieurement; on en déduit l'épaisseur des deux douves. L'épaisseur d'une douve est déterminée par celle de la bonde, qu'on ne suppose pas amincie intérieurement.

520. *Jauger un tonneau en vidange dont les dimensions sont* : longueur intérieure 7,2 *décimètres*; diamètre intérieur *du bouge* 6,18 *décimètres*, diamètre intérieur des fonds 1,48 *décimètres*; la distance du centre du bondon au plein *étant* 2,4 *décimètres.*

On place le tonneau dans une position bien horizontale, et l'on introduit par le bondon une sonde dans une direction perpendiculaire à la ligne qui joint les centres des deux fonds; la partie mouillée fait connaître la hauteur du liquide, et la partie non mouillée indique la hauteur du vide.

Si le plein excède la moitié du tonneau, *la capacité du vide est égale au produit de la surface d'un cercle qui aurait pour diamètre une fois et demie la perpendiculaire menée du centre du bondon au plein, multiplié par la longueur intérieure du tonneau.*

Une fois $\frac{1}{2}$ la distance du centre du bondon au plus $= 2,4 + 1,2 = 3,6$.

Surface d'un cercle ayant 3, 6 de diamètre $= 3,1415 \times 1,8^2 = 3,1415 \times 3,24 = 10,17$.

Capacité du vide $= 10,17 \times 7,2 = 79,22$ litres.

Capacité du tonneau $= \left(\frac{2,74+6,18}{3}\right)^2 \times 7,2 \times 3,1415 = 200$ litres.

Capacité du plein $= 200 - 79,22 = 120$ litres 78 centilitres, ou 121 litres.

Dans le cas où le plan qui sépare le vide du plein serait à peu près à la hauteur des diamètres verticaux des fonds, on pourrait considérer ce vide comme une portion d'ellipsoïde dont *le volume serait égal au produit de la longueur intérieure par la surface d'un cercle qui aurait pour diamètre la distance du centre du bondon au plein, plus les deux tiers de cette hauteur, ou plus les trois quarts de cette hauteur, si le plan avait atteint cette extrémité.*

521. Les dimensions des futailles destinées pour le commerce du vin, de l'eau-de-vie, etc., ont été fixées par la loi, et sont en rapport avec le *système métrique.* La longueur intérieure, le diamètre intérieur du bouge et le diamètre intérieur des jables de la pièce, doivent être entr'eux comme les nombres 21, 18 et 16; c'est-à-dire que si l'on divise la longueur intérieure en vingt-une parties égales, le diamètre intérieur du bouge devra en contenir 18, et le diamètre intérieur des jables 16.

TABLE DES DIMENSIONS DES TONNEAUX.

NOMS DES FUTAILLES.	Contenance en litres.	Longueur intérieure.	Diamètre intérieur du bouge.	Diamètre extérieur des jables.
	millimèt.	millimèt.	millimèt.	millimèt.
Demi-hectolitre ...	50	454	379	345
Hectolitre	100	572	490	435
Double hectolitre..	200	720	618	548
	300	825	707	628
	400	908	778	691
Demi-kilolitre	500	978	838	745
	600	1039	891	791
	700	1093	938	833
	800	1144	980	871
	900	1190	1019	906
Kilolitre..........	1000	1232	1056	938

522. **JAUGEAGE DES SOLIDES DE RÉVOLUTION.** — **La plupart des vases tels que urnes, jarres, cruches, brocs, etc., sont des solides de révolution et peuvent être divisés par la pensée par des plans perpendiculaires à leur axe en plusieurs parties, qui diffèrent très peu de cônes tronqués et dont on évalue séparément la capacité.**

Questionnaire. Quel est le but du solivage ? — Qu'appelle-t-on équarrissage ? — Qu'est-ce que le bois en grume ? — Qu'entend-on par circonférence moyenne ? — Comment trouve-t-on la solidité d'un arbre équarri ? — ..... d'un arbre en grume ? — Qu'est-ce que débiter une pièce de bois ? — .... stérer une pile de bois ? — Qu'est-ce que le jaugeage ? — Comment trouve-t-on la capacité d'un tonneau ? — Jaugez un tonneau en vidange ? — Quelle dimension donne-t-on aux futailles destinées au commerce ?

FIN.

FAUTES A CORRIGER.

Page 33, ligne 4, *lisez :* On joindra le centre du cercle au point D par une droite OD, on divisera la droite OD.....

— 44, — 16, *lisez :* On fait l'angle CAB.....

— 51, — 16, *au lieu de* un nombre, *lisez* un angle.

— 53, — 13, *au lieu de* celle qui leur correspond, *lisez* celles qui leur correspondent.

— 56, — 15, *lisez* du côté *ab*.

— 59, — 3, *au lieu de* par un des sommets *dites* à un des sommets.

Idem, — 18, *supprimez le mot* régulier.

— 80, — 12, *au lieu de* DI, *lisez* BI.

— 81, — 11, *au lieu de* l'angle FMA, *dites* FMB.

— 83, — 3, *dites* chacun de ses points.

— 84, — 1, *dites* point fixe F.

— 109, — 3, 4, 5, *remplacez* H par N.

Idem, — 14, *au lieu de* CFE, *dites* FCE.

Idem, — 23, *au lieu de* ACO, *lisez* *aco*.

— 110, — 11, *au lieu de* EF,GO ou ABD, *dites* EFG, ABD qui se composera de deux branches s'étendant à l'infini.

Idem, — 19, *au lieu de* cône ACE, *lisez* à CE.

TABLE

DES MATIÈRES CONTENUES DANS CET OUVRAGE.

PREMIÈRE PARTIE.

NOTIONS GÉOMÉTRIQUES.

DEUXIÈME PARTIE.

DESSIN LINÉAIRE.

TROISIÈME PARTIE.

ARPENTAGE.

FIN DE LA TABLE.

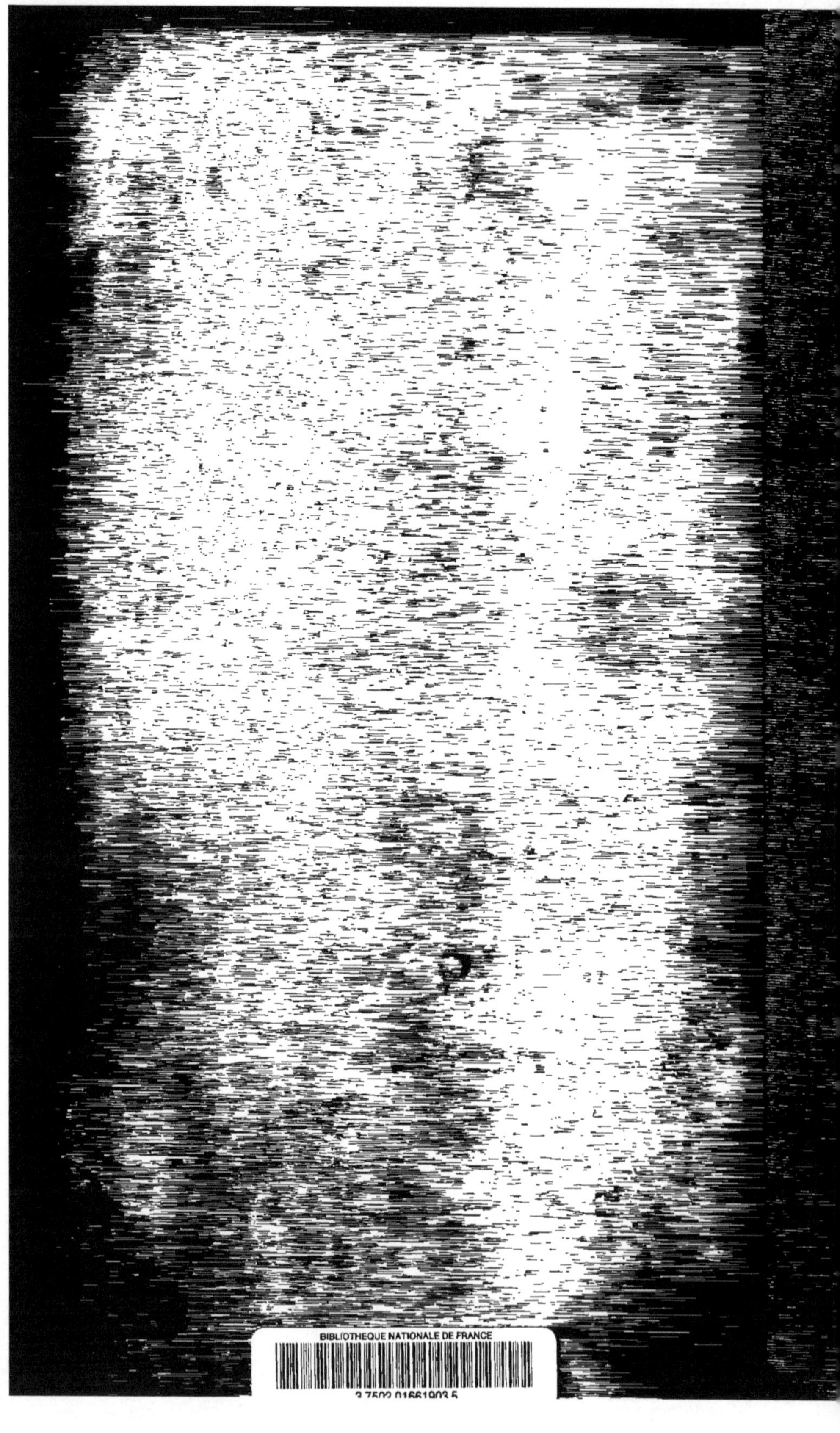
BIBLIOTHEQUE NATIONALE DE FRANCE

www.ingramcontent.com/pod-product-compliance
Ingram Content Group UK Ltd.
Pitfield, Milton Keynes, MK11 3LW, UK
UKHW020441200726
13857UKWH00002B/524